KB106615

진 사토코 지음 | 허슬기 옮김

길벗

● ● 서문 ● ●

세제를 좋아했던 내가 환경 친화적인 생활을 시작한 이유

청결이 제일! 향기도 좋아했다

지금으로부터 30년 정도 전, '냄새'나 '살균' 등의 단어가 넘쳐나고 텔레비전 광고에는 뭐든 바로 깨끗해지고 덤으로 향기까지 난다는 상품이 잇따라 등장했습니다.

저도 예외 없이 그런 상품을 사용했습니다. 더럽지 않더라도 매일 청소하고, 세탁하고, 입욕제를 사용하고, 아침마다 샴푸로 머리를 감았습니다. 화장실에는 변기 물을 내릴 때마다 흘러 내려가는 세정제를 쓰고, 주방은 정기적으로 락스로 살균하며 '깨끗하게 하고 있어'라는 자기만족에 빠져 있었습니다. 지금 돌이켜 보면 우리 집 배수구로 합성세제가 쉴 새 없이 흘러나간 셈입니다. 게다가 실내에는 아로마 향이 감돌고 차에는 방향 시트를 매달아놓기도 했습니다. 벌레를 싫어해서 살충제를 상비해두었습니다.

그런데 아이가 태어나자마자 몸에 오돌토돌 발진이 일어나 아토피라고 진단받았습니다. 남편의 전근으로 이사할 때마다 피부과나 소아과를 전전했지만, 아들의 알레르기 원인을 찾으려고 하는 의사는 없었고 '스테로이드'나 '항히스타민제'만 처방했습니다.

알레르기의 굴레부터 새학교증후군 증상 발현까지

아들이 초등학교에 입학한 뒤, 저에게는 전환점이라 할 수 있는 결정적 사건이 일어났습니다. 저희 집에서는 아들이 태어나기 전부터 개를 키워왔습니다. 그런데 가끔씩 묵으러 갔던 친척 집에서 키우던 골든리트리버에 반응해, 아들이 극심한 천식 발작을 일으킨 것입니다. 눈 깜짝할 새에 호흡이 곤란해져 응급 외래로 진찰받고 링거를 맞은 다음에야 간신히 집으로 돌아왔습니다. 심한 개털 알레르기라고 진단받았습니다. 친척 집에서 돌아오자마자 알레르기 전문 병원을 찾았습니다. 의사는 동물원에 가서는 안 되며 새 깃털이 든 이부자리나 코트의 털도 조심하라고 당부했습니다. 집에서 기르던 개는 친정에 맡겨야 했습니다.

그 뒤 아들은 천식에 좋다는 수영 교실에 다녔지만 풀에 들어갈 때마다 몸이 간지럽고 콧물이 났습니다. 콧물이 나면 그게 도화선이 되어 천식 발작이 일어나는 악순환에 빠졌습니다. 알레르기 굴레의 시작이었습니다. 태어나서부터 쭉 아토피가 심해졌다가 가라앉았고 감기에 쉽게 걸리기를 반복했으며 번번이 학교를 쉬었습니다. 그러다 초등학교 5학년 때 결국 '새학교증후군'에 걸린 것입니다.

새학교증후군이란 새집증후군의 학교 버전입니다. 건물 내 공기 오염이 원인이 되어 여러 가지 신체 증상이 나타납니다. 공기를 오염시키는 건 건축 자재 및 도료뿐만이 아닙니다. 청소에 쓰는 합성세제나 염소계 표백제, 화장실 방향제나 소취제, 유리 클리너, 마루 왁스, 교과서 등의 교재, 유성 펜, 먹물, 점토 등 헤아리자면 끝이 없을 정도입니다. 선생님이나 아이들이 가정에서 가지고 오는 것도 공기를 오염시킬 수 있습니다. 모른 채 방치하다가 '화학물질과민증(CS)'이라는 병이 나타나는 경우도 있습니다.

아이가 5학년이던 어느 날, 콧물이 멈추지 않아 천식 발작을 일으키고 조퇴했습니다. 폭포처럼 흐르는 콧물 때문에 갑 티슈를 손에서 놓을 수 없는 지경이었습니다. 학교에서 무슨 일이 있었냐고 물으니 '컴퓨터실 공사'를 했다는 겁니다. 다음 날 알레르기 병원을 방문하자 의사는 "어머니, 증상을 보니 새학교증후군일지도 모릅니다"라고 말했습니다. 줄줄 흐르는 콧물은 공사에 쓰인 화학물질이나 수십 대의 컴퓨터를 옮기는 사이 휘발한 화학물질에 반응한 것일 수도 있다는 얘기였습니다. 새학교증후군이라는 단어는 우연히 잡지의 특집 면을 읽고 알고 있었지만 그때는 남의 일이라 '(공기가 오염돼서) 학교에 못 가는 아이가 있다니 불쌍해라'라고만 생각했습니다. 우리 아이가 새학교증후군일지도 모른다는 말을 들어도 '학교가 원인이면 어쩔 수 없잖아' 하고 포기하려 했습니다. 그러나 의사는 "어머니가 학교에 공기 검사를 요청하고 창문을 열어 환기를 하도록 부탁해야 합니다. 어머니가 정신 차리지 않으면 아이를 지킬 수 없어요"라고 꾸짖었습니다.

병원 문을 나서면서도 '내가 뭘 할 수 있겠어'라는 무거운 마음으로 발걸음을 옮겼습니다.

부모 모임의 시작

며칠 후 친구 두 명에게 이 이야기를 하니 "그럼 전단지를 만들어 다른 엄마들에게도 알릴까요?", "전에 같은 증상을 보인 아이가 또 있는지 설문 조사를 하면 되겠네요"라며 이야기가 착착 진행되었습니다. 설문 조사를 하는 와중에 새학교증후군이 무엇인지 자연스럽게 알리는 식이었습니다. 설문 조사지에는 '알고 있나요? 새학교증후군'이라는 타이틀을 달았습니다. 이 타이틀이 바로 지금 회보의 이름입니다. 그때부터 세 사람이 학부모 모임이나 학원 등을 다니며 곳곳에서 아는 엄마들에게 전단지를 배포하고 협조를 구했습니다. 그러던 중 한 사람이 소비자 센터에 보낸 전단지가 때마침 방문한 신문기자의 눈에 띄어 취재 요청을 받았습니다. 그때 "모임 이름이 뭡니까?"라는 질문을 받고 즉석에서 붙인 이름이 '오타루·아이의 환경을 생각하는 부모 모임'입니다. 그 뒤로는 우리의 활동이 수차례 기사화되었습니다.

새학교증후군의 원인은?

아들이 학교에 갔다가 몸이 나빠진 것은 새학교증후군(학교 내 화학물질) 때문이라는 사실을 인식한 다음부터 잡지나 인터넷에서 정보를 모았습니다. 나는 아들이 아기였을 때부터 '약 수첩'을 쓰고 있었기 때문에 몇 월 며칠에 어떤 증상으로 어떤 병원에서 무슨 약을 처방받았는지 찾아보았습니다. 그러자 연휴 뒤, 장기 휴가 다음 날, 겨울에서 봄, 특히 4월 신학기나 학예회 준비가 시작되면 감기 비슷한 증상이 나타나 병원에 갔음을 알게 되었습니다. 그러고 보면 병원에 갈 때마다 소아과 의사가

'감기 바이러스가 검출되지 않은 감기 증상'이라며 골치를 썩곤 했습니다. 원인이 새학교증후군이라면, 새 학기가 시작될 즈음 증상이 악화되는 이유는 매해 3월 말 바닥에 칠하는 왁스, 1학년 신입생이 가지고 다니는 새 책가방이나 신발 등이 원인일 것입니다. 마치 눈앞의 안개가 걷히듯 분명하게 깨달았습니다.

그러나 원인이 그것뿐일 리 없었습니다. 아들은 친정에 가면 아토피가 악화되곤 했습니다. 세제는 아들을 위해 '비누'를 사용했고 섬유유연제는 쓰지 않았습니다. 원인은 옷장 서랍에 있었습니다. 어머니가 방충제를 일상적으로 사용했던 겁니다. 그런 가정에서 자란 저는 당연히 방충제의 위험성을 몰랐습니다. 방충제 향이 나거나 눈앞에 방충제가 있어도 의문을 가지지 않았습니다. 그리고 갈아입을 옷이나 5월 인형[1]에는 반드시 방충제를 넣어뒀습니다. 새집증후군을 일으키는 화학물질을 살펴보면 방충제가 상위를 차지합니다. 알면 알수록 무서워 손이 떨렸습니다. "어째서 아무도 알려주지 않은 거야?", "아들을 괴롭힌 건 나였어!" 아들은 제가 무의식중에 사용하던 일상용품 때문에 몸이 조금씩 나빠지다가 학교에서 많은 화학물질에 노출되어 새학교증후군이 발병한 것입니다. 후회하는 마음과 함께 '이런 물건을 만든 기업과 판매를 허가한 나라가 나쁜 거야!'라는 생각에 화가 차올라 가슴이 메어왔습니다.

---

(1) 일본에서 5월 단오에 남자아이를 위해 장식하는 무사 차림의 인형.

새학교증후군, 학교의 대응

새학교증후군에 대해 알아보려고 인터넷과 책 등을 찾아보던 중, 관심사가 같은 여러 사람을 만나 지식을 얻을 수 있었습니다. 동시에 과거의 공해나 환경문제 전반에 생각이 미치기 시작했습니다.

새학교증후군이 어떤 것이고 어떻게 대처하는 것이 바람직한지 알게 되어 학교와 교육위원회에 교실 공기 검사, 창문을 연 환기를 철저히 할 것 등을 부탁했습니다. 처음에는 초등학교와 교육위원회 모두 '가해자'로 몰리는 것을 극단적으로 경계하며 생각만큼 협조해주지 않았습니다. 그러나 손수 만든 전단지와 자료를 배포하며 이해를 구했습니다. 체육관은 특히 증상이 자주 발현되는 장소였으므로 선생님에게 '창문을 연 환기'를 부탁했지만 '귀찮다', '깜빡했다'라고 말해 억울한 마음도 들었습니다.

중학교에서는 사정을 이해해주는 담임선생님이 학교 전체에 말씀해주셔서 바닥 왁스칠을 중지하고 청소할 때는 베이킹소다와 비누를 사용하게 되었습니다. 포기했던 수학여행도 여행사와의 의논 및 숙박처 예비 조사, 철도와 버스 회사의 협력으로 참가할 수 있었습니다. 학생이 만든 여행 안내서에는 '머리에 무스 등 향이 나는 것을 바르지 않는다'라는 문구까지 쓰여 있어 감동받았습니다.

가을부터 겨울에 걸쳐 코트를 입는 계절이 오면 학생들은 드라이클리닝한 코트를 입습니다. 그러면 코트에서 옅은 용제가 휘발되는데, 아들은 이에 반응합니다. 그러자 선생님은 빈 교실을 코트 두는 장소로 이용하게끔 해주었습니다.

아들이 화학물질과민증 없이 무사히 중학교 3년을 보낼 수 있었던 이유는 환경을 정비해준 선생님은 물론, 이해하고 협력해준 반 친구들 덕분이었습니다.

광고 하는 상품은 안전합니까?

일상생활을 돌아보도록 가르침을 준 건 아들의 발병과 H 의사입니다.
매일 사용하는 갖가지 일용품이 공기나 땅, 강이나 바다를 더럽히고 다시 공기나 먹거리로 우리 몸으로 돌아온다는 것을 깨달았습니다. 그때부터 집 안의 합성세제를 싹 없애고 방충제나 살충제, 방향제 등 향기가 나는 것도 쓰지 않습니다. 가능한 한 농약을 치지 않은 것을 고르고, 편리하더라도 흙으로 돌아가지 않는 것은 사용하지 않으려 합니다.
환경성이 발행한 《PRTR 데이터를 해석하기 위한 시민 가이드북》에는 우리 가정에서 배출되는 유해 물질 중 상위 다섯 가지 물질이 쓰여 있습니다. 그것은 청소나 세탁, 욕실 배수에서 나오는 것입니다.
내역은 다음과 같습니다(2016년 집계 결과).

1위 폴리(옥시에틸렌) = 알킬에테르

2위 디클로로벤젠

3위 직쇄 알킬벤젠술폰산(LAS) 및 그 염

4위 폴리(옥시에틸렌) = 도데실에테르염산에스테르나트륨

5위 아미노에탄올

1위와 3위 물질은 합성세제나 화장품에 들어 있고, 2위 물질은 소취제나 방충제에 들었으며, 4위와 5위 물질은 다시금 합성세제나 샴푸 등에

들어 있습니다. 더구나 상위 3개가 가정에서 배출되는 유해 물질의 7할을 차지합니다.

합성세제는 텔레비전 CM으로 친숙한 어택, 보르도, 아리엘, 비즈, 톱, 사라사[2] 등의 세탁용 세제입니다. 식품용 세제, 변기용 세제, 샴푸도 있습니다. 이것들은 석유로 만들었으며, 국가가 알레르기를 일으킬 위험이 있다고 지정한 유해한 화학물질이 다수 들어 있습니다.

일본인의 탯줄에서 수십 종의 화학물질이 발견되었는데 그중 노닐페놀은 합성세제에 사용되는 것으로 환경호르몬 물질(내분비 교란 화학물질)이라 알려졌습니다(당시 환경청이 1990년대에 공표).

이러한 화학물질, 혹은 내분비 교란 화학물질이라 불리는 것은 인간의 신체뿐 아니라 지구의 다른 생물이나 토양, 물, 대기에 어떠한 영향을 끼쳐 미래에 무슨 현상을 불러일으킬지 알 수 없습니다. 그렇지만 늘어나는 알레르기 질환과 선천성 질병, 발달장애 등의 요인이라는 지적이나 연구가 잇따르고 있습니다.

어떠한 의문도 갖지 않은 채 판매되는 것을 사서 사용한 결과가 아들의 병입니다. 왜 안전성을 확인하지 않고 출시하는 것인지, 왜 위험할 수 있다는 해외의 연구 결과가 있음에도 제조·판매를 중지하지 않는지. 추후 아이에게 어떠한 영향을 미칠지 모르는 제품이 왜 방치되는가, 팔리기만 하면 되는 것인지. 일본에는 공해를 일으킨 기업이 잔뜩 있습니

(2) 일본의 유명 세제 브랜드. 한국의 하이타이, 비트, 테크, 스파크와 비슷하다.

다. 국가는 그 잘못을 교훈 삼아 예방 원칙을 고안하고 리스크를 회피하는 예방적 행동을 기업이나 시민에 지도해야 합니다. 그러나 지금의 정부는 기업 쪽으로만 향해 있습니다. 그렇다면 우리 소비자가 영리해져서 기업과 국가를 향해 "NO!"라고 말할 수밖에 없습니다.

이 책에는 아들과 함께 경험해온 생활 속 화학물질에 대해 설명하고, 일상생활에서 어떻게 해야 아이에게 미치는 영향을 줄일 수 있을지 제안했습니다.

1장에서는 일상에서 자주 쓰는 것들에 들어 있는 화학물질의 위험성을 부각했습니다. 우리 주변에는 건강과 환경에 안전할지 어떨지 모른 채 쓰이는 것도 많습니다. 실제로 건강에 좋지 않은 영향이 미친 다음에야 뒤늦게 규제하는 경우가 많은데, 이래서는 피해를 막을 수 없습니다. 예방 원칙에 따른 사고방식을 제안합니다.

2장에서는 유해 물질을 사용하지 않는 생활 속 실천법을 소개합니다. 특히 비누와 알칼리제를 사용한 청소와 세탁, 입욕 등의 '씻기' 기본 지식부터 무엇을 어떻게 사용해야 하는지 구체적인 방법을 모았습니다.

나만이 아니라 아이들의 건강과 지구환경까지 고민하며 사는 것이 진정한 어른이라고 저의 등을 밀어준 것은 다름 아닌 아들의 괴로워하는 모습이었습니다. 아들은 많은 사람들의 도움으로 화학물질과민증으로 진행되지 않고 건강하게 성인이 될 수 있었습니다.

아이를 위해 '필요하지 않은 것은 쓰지 않기'

내가 '필요하지 않은 것은 쓰지 않는' 생활을 시작한 계기는 아이의 새학교증후군이었습니다. 요 몇 년, 아동의 알레르기, 발달장애가 급증한 것은 우리가 매일 아무렇지 않게 사용하는 물건이 영향을 끼치기 때문인 듯합니다. 즉 우리가 아주 조금 생활 습관을 바꿔 굳이 필요하지 않은 물건은 쓰지 않는다면, 아이들의 건강도 되찾을 수 있습니다.

따라서 기본은 매우 심플합니다. '사지 않기'와 '쓰지 않기'. 다만 하나 바꾸었으면 하는 것은 세제입니다. 합성세제를 사용하지 않고 비누와 베이킹소다, 식초를 사용하는 겁니다. 그러면 가정에서 청소와 세탁을 할 때 배출되거나 욕실에서 나오는 오염을 줄일 수 있습니다. 귀찮다고 여기던 살림이 약간의 '화학' 지식으로 즐거워질 거라 장담합니다. 이 책으로 우리의 생활이 심플해지고 더욱 안전하게 살아갈 수 있기를 바랍니다.

진 사토코

Part 3 방충제나 살충제의 위험성

Part 4 일상 속 걱정되는 향기

Part 5 꼼꼼하게 따져봐야 할 백신과 불소

제2부 환경에도 몸에도 좋은 생활(실천 편)

일러두기
이 책은 2018년 일본에서 출간된《위험한 화학물질로부터 아이를 지키는 생활방법》을 한국어로 번역한 도서로 한국 실정에 맞게 한국의 사례가 추가되었음을 알려드립니다.

제1부

생활 속 화학물질

이론 편

● 프롤로그 ●

우리 아이가 위험하다!

화학물질은 여러 형태로 사람의 생활을 편리하게 해줍니다. 그러나 건강이나 환경에 악영향을 끼치기도 합니다. 화학물질과 공존하며 안전하고 쾌적하게 살아가기 위한 첫걸음은 화학물질의 특성을 이해하는 것입니다.

1 | '화학물질'이 뭐지? - 우리 주변 것들 모두

사실 인간이나 동물, 식물도 화학물질로 이루어져 있습니다. 이 세상에 있는 것은 모두 원소(더 이상 분해할 수 없는 118종류의 물질)로 구성된 화학물질이라 할 수 있습니다. 화학물질에는 식물과 광석 등 원래 자연계에 있던 것과 인간이 새롭게 만들어낸 것이 있습니다.

인간이 만들어낸 화학물질에는 화학반응을 이용해 합성한 플라스틱 제품이나 세제, 화장품, 섬유 제품, 농약, 백신 등이 있습니다. 수은처럼 인체에 미량이라도 흡수될 경우 유해한 화학물질도 있고, 소금처럼 일정량 이상을 오랜 기간 섭취했을 때 건강에 좋지 않은 영향을 미치는 것도 있습니다.

자연계에 있으면서 인체에 독이 되는 버섯이나 감자 싹, 복어 독 등도 유해한 화학물질이라 할 수 있습니다. 그러나 점차 늘고 있는 인공 합성 화학물질이 추후 인체와 환경에 어떠한 영향을 미칠지, 아직 모르는 면이 많습니다.

예를 들어 가정에서 배출하는 플라스틱 쓰레기 중에는 염소를 함유한 것이 있는데, 이를 태우면 높은 확률로 다이옥신이 발생한다고 알려졌습니다. 다이옥신은 몸 안에 들어오면 지방에 쌓여 잘 배설되지 않는 물질로, 적은 양으로도 암을 유발하고 태아에게 영향을 미칠 가능성이 있는 무서운 화학물질 중 하나입니다. 따라서 플라스틱은 편리한 제품이지만, 이를 폐기할 때는 유해가스가 방출되지 않도록 하는 일정한 주의가 필요합니다.

2 | 내분비 교란 화학물질이란? – 몸의 기능을 어지럽히는 화학물질

사람의 몸에는 성장호르몬이나 생식호르몬 등 생명을 유지하기 위해 꼭 필요한 호르몬이 있습니다. 이러한 인체 내분비계의 활동과 많이 닮아 혼동하기 쉽거나, 방해가 되거나, 틀어지게 할 가능성이 있는 화학물질을 '내분비 교란 화학물질'이라 부릅니다. 일본이 지정한 내분비 교란 화학물질은 67종류뿐이지만, 나라에 따라서는 수백 종류의 물질을 내분비 교란 화학물질로 지정한 곳도 있습니다. 한국의 경우 WWF(World Wildlife Foundation)에서 지정한 67종의 화학물질을 내분비계 장애물질로 설정했습니다.

이 물질은 음식물뿐만 아니라 사용하고 있는 도구 등에서 호흡이나 피부를 통해 체내로 들어옵니다. 앞서 거론한 다이옥신도 내분비 교란 화학물질 중 하나입니다. 일본과 한국에서는 일반적으로 '환경호르몬'이라 부르지만 이 명칭은 위험성이 잘 드러나지 않으므로, 이 책에서는 일부러 '내분비 교란 화학물질'이라는 표현을 사용했습니다.

내분비 교란 화학물질에 대해서는 아직 연구가 진행 중이므로 모르는 것이 무척 많습니다. 과거에는 '일정량 이하에서는 독성 없음'이라 하던 것도, 새로운 연구를 통해 극미량이라도 인체에 영향을 미친다는 점이 알려졌습니다.

환경호르몬

일본 환경성은 '환경호르몬'이 의심되는 물질로 67종류(2015년 현재)를 목록화했다. 그중 약 60%가 살충제 등을 포함한 농약, 20%가 플라스틱의 원료다.
한국은 따로 목록화된 것은 없다.

3 | 화학물질에 주의를 기울여야 하는 다섯 가지 이유

인공적으로 만들어낸 화학물질 때문에 우리 생활은 편리해졌지만, 이와 동시에 여러 가지 문제가 대두되기 시작했습니다. 공해나 환경오염은 사회에 큰 숙제를 던졌습니다. 예를 들어 편리하고 쾌적하더라도 아이들이 병에 걸리거나 환경에 피해가 간다면 곤란할 것입니다. 저는 아들의 체험을 통해 이를 피부로 느꼈습니다. 화학물질, 특히 건강에 영향을 미칠 수 있거나 환경 리스크가 높은 물질은 가능한 한 실생활에서 사용하지 않도록 하고, 꼭 필요하다면 최소한만 사용하는 것이 좋습니다. 구체적으로는 다음 장에서 자세하게 다룰 테니 여기서는 왜 이러한 화학물질에 주의를 기울여야 하는지, 그 이유를 몇 가지 들어 설명하겠습니다.

왜 화학물질에 주의를 기울여야 하는가?

이유 1 모든 화학물질의 안전 '시험'이 행해지지 않고 있으므로.

이유 2 사용을 멈추더라도 환경에 남으므로.

이유 3 여러 가지 물건에 달라붙어 지속적으로 영향을 끼치므로

이유 4 '기준치'가 불확실하고 '복합오염'이 염려되므로.

이유 5 어린이는 작은 성인이 아니므로.

＊이유 1 : 안전성 문제

텔레비전을 켜면 연달아 신상품 광고가 나오고 자기도 모르게 사고 싶어지기도 합니다. 하지만 잠깐 기다리세요. 그게 정말로 필요한가요? 안전한가요?

화학물질은 현재 1억 5000만 종류가 넘는다고 합니다. 매일 집 안에서 사용하고 있는 화학물질은 대체 얼마나 되는 걸까요.

세제나 화장품 등의 용기 뒷면에 작은 글자로 꽉 차게 쓰인 목록 하나하나가 화학물질입니다. 그러나 그중 안전성이 확인된 것은 극소수입니다. 2006년 홋카이도 몬베쓰시에서 초등학교 신축 공사 후에 새학교증후군 사고가 일어났습니다. 이 초등학교에서는 공사가 끝난 뒤 국가의 규정대로 지정한 13개 유해 물질(p.24 참고)의 공기 검사를 행했습니다. 그 결과 13개 물질은 검출되지 않았고, 안전이 확인되어 사용을 개시한 것입니다. 그러나 사용 후 바로 선생님과 아동의 몸 상태가 나빠지는 새학교증후군이 발병했습니다. 국가가 위험하다고 지정한 13가지 물질

을 피했는데도 말입니다.

이 사고로 알게 된 점은 '13개 물질 이외는 안전'하다는 것이 아니라, 국가가 '위험한 물질을 13개밖에 지정하지 않았다'는 점입니다. 화학물질이 생겨나는 속도가 너무 빨라 하나하나 안전성을 검토할 수 없는 상황입니다.

새학교증후군

새집증후군의 학교 판. 학교 건물에 쓰인 건축 자재나 도료, 수업에 쓰는 교재나 비품에서 휘발된 화학물질 때문에 건강이 악화되는 것. 학교에서 멀어지면 증상이 완화되거나 없어진다. 최근에는 교직원이나 학생의 몸에 묻은 착향 제품(합성세제나 유연제, 헤어 컨디셔너, 데오도란트), 가지고 온 플라스틱 제품(신발이나 가방)에서 휘발된 물질이 공기를 오염시키고, 새학교증후군의 원인이 되고 있다.

홋카이도 몬베쓰시의 초등학교 새학교증후군 사고

2006년 준공한 홋카이도 몬베쓰시의 초등학교에서 학생과 교직원이 새집증후군 같은 증세를 보여, 사용한 지 1개월 남짓 되었을 때 대체 교사로 이동했다. 준공 후에 그랬듯 학생들이 옮겨 간 뒤에도 실내 공기 중 화학물질, 후생노동성[1] 기준치가 설정된 농약, 가소제를 측정했지만, 기준치를 넘는 물질은 발견되지 않았다. 홋카이도 도립 위생연구소 조사에 따르면, 약 100종류에 달하는 화학물질을 조사한 결과 수성 도료 용제에 사용된 1-메틸-2-피롤리돈과 텍사놀이라는 물질이 후생노동성의 총 휘발성 유기화합물(TVOC) 잠정 목표치를 웃도는 농도로 검출되었다. 이 사고로 1명의 아동이 화학물질 과민증 진단을 받았다.

※문부과학성[2]은 '학교 환경 위생 기준'을 정하고, 학교용 비품을 반입하거나 신축 · 개축 ·

(1) 일본의 행정기관 중 하나로 한국의 보건복지부에 해당한다.

(2) 일본의 행정기관 중 하나로 한국의 교육부에 해당한다.

수리 시에는 임시 검사를 통해 농도가 기준치 이하인 것을 확인한 뒤 인도받도록 하고 있다.

한국의 새학교증후군

서울 신축 학교 13곳 중 4곳에 '새학교증후군'의 주범인 총 휘발성 유기화합물(TVOCs: Total Volatile Organic Compounds) 수치가 기준치를 초과한 것으로 나타났습니다. 특히 후속 조치 이후 재측정했을 때는 기준치 이하가 나왔으나 그다음 해엔 다시 기준치를 초과하는 등 들쑥날쑥했습니다.

'서울시교육청 관내 신축 3년 이내 학교 공기 질 측정 결과' 자료에 따르면 신축한 지 3년 이내인 서울 소재 학교 13곳의 공기 질을 1차 측정한 결과 이 중 3분의 1인 4곳이 총 휘발성 유기화합물 기준치를 크게 초과한 것으로 나타났습니다.

TVOCs는 새학교증후군의 주범으로 지목됩니다. TVOCs 기준치는 400㎍/㎥입니다. 서울 D초등학교의 경우 8413.7㎍/㎥로 기준치를 무려 21배나 초과했습니다. I고등학교의 경우 2471.6㎍/㎥로 기준치를 6배를 초과했습니다. 이 학교는 환기와 베이크아웃(bake-out) 등 후속 조치를 한 후 재측정해 386㎍/㎥로 겨우 기준치 이하의 수치를 기록했습니다.

E중학교는 1228.4㎍/㎥, F중학교는 568.1㎍/㎥로 기준치를 초과했으나 환기 등의 조치를 한 후 재측정해 136.8㎍/㎥, 157.9㎍/㎥로 나타났습니다.

문제는 후속 조치 이후 재측정했을 때 다시 기준치를 넘어선 경우가 있어 들쑥날쑥하다는 것입니다. 2016년에 개교한 D초등학교의 경우 2016년 측정 시 TVOCs가 2013.4㎍/㎥로 기준치를 5배나 초과했다가 2017년에는 327.0㎍/㎥로 기준치 이하로 나왔습니다. 그러나 올해에는 또다시 기준치의 21배가 넘는 8413.7㎍/㎥가 나왔습니다.

2016년에 개교한 또 다른 학교인 F중학교 역시 2016년에는 1130.5㎍/㎥로 기준치를 2.8배 이상 초과했다가 지난해는 295.6㎍/㎥로 기준치 이하로 나왔습니다. 그러나 다시 기준치를 초과한 568.1㎍/㎥로 측정됐습니다. 신축 학교의 경우 한 해 기준치 이하로 측정됐다고 안심할 사안이 아닙니다.

교육부 '교사(校舍) 내 환경 위생 및 식품위생 관리 매뉴얼'에 따르면 TVOCs는 실내에서는 건축 재료 · 세탁 용제 · 페인트 · 살충제 등이 주요 발생 원인으로 주로 호흡 · 피부를 통해 인체에 흡수된다고 합니다. 급성 중독이 발생하면 호흡곤란 · 무기력 · 두통 · 구토 등을 초래하며, 만성 중독일 경우 혈액장애 · 빈혈 등을 일으킬 수 있습니다.

국가가 지정한 유해한 13개 물질:

후생노동성은 인체에 미치는 영향이 우려되는 13종류의 화학물질을 정하고, 실내 농도 기준치를 정했습니다. 실내 농도 기준치는 사람이 그 농도의 공기를 평생 호흡해도 건강에 영향이 없다고 여겨지는 수치입니다. 2017년에 세 가지 물질이 추가되어(2-에틸-1-헥산올, 텍사놀, TX1B), 전체 16가지가 됐습니다. 텍사놀은 몬베쓰시 새학교증후군 사고의 원인 물질입니다.

총 휘발성 유기화합물	실내 농도 기준치	발생원	인체에 미치는 영향
포름알데히드	100㎍/㎥ (0.08ppm)	합판, PB, 집성재, 벽지 접착제, 유리섬유 단열재 등	코 · 목의 점막을 강하게 자극
톨루엔	260㎍/㎥ (0.07ppm)	유성 바니시, 접착제, 목재 보존제 등	신경행동 기능 · 생식 기능 저하
자일렌	870㎍/㎥ (0.20ppm)	유성 바니시 · 페인트, 접착제, 목재 보존제 등	신생아의 중추신경 발달에 악영향
파라디클로로벤젠	240㎍/㎥ (0.04ppm)	방충제 · 진드기 방충제, 소취제 등	알레르기 증상 증대

에틸벤젠	3800μg/㎥ (0.88ppm)	유기용제(도료), 접착제 등	간 · 신장 기능 저하
스티렌	220μg/㎥ (0.058ppm)	발포폴리스티렌, 단열재, 합성고무 등	뇌 · 간 기능 저하
클로르피리포스	1μg/㎥ (0.07ppm)	개미 방충제 등	생식기 구조 이상
DBP	240μg/㎥ (0.02ppm)	염화비닐 제품 등	생식기 이상
테트라데칸	330μg/㎥ (0.04ppm)	도료의 용제, 등유	간 기능 저하
디에틸헥실 프탈산	120μg/㎥ (0.02ppm)	가소제	생식기 구조 이상
다이아지논	0.29μg/㎥ (0.02ppm)	살충제	혈장 및 적혈구 콜린에스테라아제 활성 저해
아세트알데히드	48μg/㎥ (0.03ppm)	접착제, 방부제	성장 지연, 비강 점막 이상
BPMC	33μg/㎥ (3.8ppm)	개미 방충제	콜린에스테라아제 활성 저해

＊이유 2 : 인체나 환경 축적 및 잔존 문제

국가가 유해하다고 인정한 화학물질에 대해서는 당연히 제조나 사용이 금지됩니다. 그러나 내분비 교란 작용이 지적되는 유기염소계 농약은 30년도 넘는 과거에 사용이 금지되었음에도 홋카이도 호박에서 발견되었습니다. 왜 사용을 중단한 지 수십 년이나 지나서까지 검출되는 걸까요. 그 이유는 화학물질 중에는 한번 사용하면 오랜 기간 자연계에 남는 것도 있기 때문입니다.

이러한 화학물질은 사람이나 동물의 몸에 들어가면 좀처럼 밖으로 나오지 않고 축적됩니다. 여성의 몸에 이런 화학물질이 축적되면 태반을 통과해 태아에게 대물림되기도 합니다. 아이가 성장하는 도중 언제 영향이 나타날지 모릅니다. 그러나 몸 안에 들어간 뒤 시간이 지났기 때문에 어떤 화학물질이 원인인지 특정하는 것은 거의 불가능합니다. 최근의 연구 중에는 자폐증 등의 발달장애는 어머니가 임신 중에 흡수한 미량의 화학물질이 원인 중 하나일 수 있다고 경고하는 것도 있습니다.

발달장애에 관한 최근 연구

2012년 12월, 도쿄대학 대학원 의학계 연구과 · 질환생명공학센터의 도야마 지하루 교수진의 연구. 다이옥신을 미량 투여한 어미 쥐가 낳은 쥐는 뇌의 유연성이 떨어지고 집단행동에 이상이 생겼다. 모체에 들어간 환경 화학물질이 아이의 뇌에 영향을 주어 정신 증상을 일으킬 가능성이 드러난 첫 보고로, 온라인 과학지 〈플로스 원(PLOS ONE)〉에 게재됨.

* 이유 3 : 주위 것들에 잘 붙는 성질

쉬운 예가 담배입니다. 실내에서 담배를 피우는 사람이 있으면 옷이나 머리카락, 커튼 등에 그 냄새가 배어듭니다. 이것을 '이염'이라고 합니다. 2008년 컵라면을 먹은 여성이 구토 및 혀 마비를 호소해 독극물 주입 사건이 아니냐는 소동이 일었습니다(가나가와현 후지사와시). 먹은 컵라면 용기를 조사하니 의류 방충제 성분 '파라디클로로벤젠'이 발견되었습니다. 이번에는 파라디클로로벤젠이 왜 들어갔는지 조사했습니다. 그랬더니 미개봉 컵라면 옆에 방충제를 일정 기간 놓아두어, 방충제 성분이 용기 안에 들어간 것이었습니다. 이 여성은 방충제가 든 서랍장 곁에

컵라면을 넣은 박스를 보관했습니다. 설마 그럴 리 있냐고 생각하겠지만, 방충제 성분이 몇몇 장애물을 뛰어넘어 라면에 붙은 것입니다.

화학물질이 이염된 예는 또 있습니다.

시판 도시락에서 내분비 교란 화학물질(프탈산에스테르)이 발견된 일이 있습니다. 원인은 조리원이 끼고 있던 비닐장갑(폴리염화비닐)으로 추정되었습니다. 비닐장갑에는 질감을 부드럽게 만들기 위해 프탈산에스테르를 사용합니다. 이 때문에 후생노동성은 식품을 다룰 때는 폴리염화비닐로 만든 장갑은 사용하지 말도록 공지했습니다.

또 차에 방향제를 두면 차를 탄 사람의 몸에 그 향이 배어듭니다. 이것도 이염입니다. 향기라면 배어들어도 괜찮을까요? 합성향료 중에는 내분비 교란 작용이 의심되는 물질도 있습니다. 향료 성분은 호흡이나 피부를 통해 체내로 들어옵니다.

파라디클로로벤젠

유기염소 화합물로 소취제(악취를 없애는 세제)나 방충제에 쓰이며 파라졸이나 네오파라에스 등의 상품명으로 판매된다. 가정에서 배출되는 유해 물질 중 가장 나쁜 것 중 하나로 강하고 자극적인 냄새가 나고, 실내 공기를 고농도로 오염시키며 바닥 부근에 고인다. 1999년 11월에 발표된 후생성(당시)의 〈내분비 교란 물질의 태아, 성인 등의 노출에 관한 조사 연구〉에 따르면 파라디클로로벤젠이 사람의 혈액에서 비교적 높은 농도로 검출되고 있다. 잘 분해되지 않아 인체에 오래 잔류하고 간이나 신장에 영향을 주며 발암성이 있어 국가가 기준치를 설정한다.

폴리염화비닐(PVC)

통칭 염비. 제조 과정부터 사용 중, 쓰레기로 태울 때까지 환경이나 인체에 영향을 준다. 맹독성을 띠는 다이옥신을 발생시키는 등 가장 문제가 많은 플라스틱. 부드럽게 만들기 위해 폴리염화비닐을 첨가하는 프탈산에스테르는 내분비 교란 화학물질로, 상온에서도 휘발되어 공기를 오염시킨다. 알레르기나 천식, 발암성도 지적된다.

＊이유 4 : 기준치와 복합오염 문제

포름알데히드의 기준치나 방사성 세슘의 기준치, 유해한 화학물질에는 국가가 '이 수치 이하면 안전'하다고 정한 '기준치'가 있습니다. 그리고 무언가 문제가 생기면 '기준치 이하이므로 안전'하다고 말합니다.

그러나 기준치 데이터는 거의 동물실험을 통해 얻은 것으로, 건강한 성인 남성을 대상으로 합니다. 어린이는 성인과 다른 신체 특징이나 생활 패턴을 가지고 있으므로, 어린이에게 '기준치 이하이므로 안전'하다고 말할 수는 없습니다. 유감스럽지만 일본에서는 어린이를 대상으로 한 조사나 연구는 아직 거의 행해지고 있지 않으며, '어린이 기준치' 또한 없습니다.

같은 집과 교실에서 지내고 같은 것을 먹거나 쓰더라도 증상이 나타나는 사람과 아닌 사람이 있습니다.

예를 들어 홋카이도 몬베쓰시의 새학교증후군 사고(p.15 참고)에서도 수십 명의 선생님과 아동 중 화학물질민감증에 걸린 사람은 단 1명이었습니다. 증상이 발현한 아이는 '탄광의 카나리아'이며 그 아이가 쾌적하게 지내도록 환경을 정비해야 다른 모든 사람들의 건강도 지켜지는 것이라 생각합니다('예방 원칙'). 100명 중 1명이면 발병률은 1%. 그 정도라면 그다지 위험하지 않다고 생각합니까? 발병한 아이에게는 100%의 위험입니다. 그것이 우리 아이가 아닐 거란 보증은 어디에도 없습니다.

'복합오염'이란 2종류 이상의 유해 화학물질이 동시에 나타나는 것을 말합니다. 많은 유해 물질이 전부 기준치 이하라도 제로가 아닌 한, 상가작용, 상승작용이 일어나 최고 1600배에 이르는 독성이 생기는 것도 있습니다.

많은 화학물질에 둘러싸여 생활하는 우리는 매일 복합오염 상태에서 살아간다고 할 수 있습니다.

포름알데히드

무색이고 물에 잘 녹으며 강하고 자극적인 냄새가 나는 기체. 도료나 가구, 건축 자재, 벽지 접착제, 플라스틱이나 수지, 합성고무 등에 들어 있는 휘발성 물질로, 독성이 강하다. 새집증후군의 원인 물질 중 하나. 주름이나 축소 방지 목적으로 의류에도 쓰인다. 2015년에는 다이소의 네일에서도 검출돼 문제가 되었다. 눈이 따끔거리고 두통, 구역질, 어지럼증이라는 증상 외에 발암성도 있다. 국가가 기준치를 설정하고 있다.

화학물질과민증

어떠한 화학물질이 대량으로 발생하거나, 미량이라도 반복해서 발생하면 증상이 나타난다. 발병하면 온갖 종류의 극미량 화학물질에 반응하고, 중증이 되면 외출도 불가능해져 일상생활에 지장을 주는 '환경병'이다. 전국에 700만 명의 환자가 있다고 추정된다. 2009년 드디어 병명이 등록되었으나, 진단 · 치료 가능한 의료 기관 및 의사가 극도로 적다.

탄광의 카나리아

애완용 새 카나리아는 광산에서 위험한 가스를 사람보다 먼저 감지하므로 광산에 들어갈 때 카나리아를 데려가는 데 기인해 위험한 공기나 물질에 민감한 사람을 비유한 말.

예방 원칙

사람이나 환경에 악영향을 끼칠 것 같은 경우, 과학적으로 인과관계가 입증되지 않아도 예방적으로 대책을 세우는 것. 예를 들어 유해한 영향이 100만 명 중 1명에게라도 나타나면 일단 중지하고 심사숙고한 다음 제조, 판매, 사용을 금지하는 등의 대책을 세워 피해를 최소한으로 저지하는 것.

* 이유 5 : 어린이의 신체적 특징으로 인한 문제

어린이는 몸이 작으므로 언뜻 보기에는 유해 물질 유입량도 적을 것처럼 느껴집니다. 그러나 1~5세 아이는 체중에 비해 성인보다 많은 음식과 공기를 흡수합니다. 게다가 아이는 몸의 기능이 성인과 크게 다릅니다.

예를 들어 어린이의 세포분열은 매우 빠르므로 세포에 상처가 나면 상처가 원래대로 돌아가기도 전에 분열을 반복하고, 상처 입은 세포도 단숨에 늘어납니다. 신경계는 1세에 성인의 25%, 6세에 90%가 만들어진다고 합니다.

4 | 화학물질의 위험으로부터 아이를 보호하다

성인에게는 유해 물질이 간단히 뇌에 침투하지 못하도록 하는 구조가 있지만, 2~3세까지는 그 활동이 불충분해 유해 물질이 쉽게 침투합니다. 더군다나 영 · 유아는 유해 물질을 해독하는 능력이 훨씬 미숙해, 유해 물질이 배설되어 반감하는 데 걸리는 시간이 어린이에 비해 2~4배나 깁니다.

태아는 어떨까요. 태반이 유해 물질로부터 태아를 지켜줄 거라고 여겼지만, 많은 유해 화학물질, 특히 내분비 교란 화학물질이 태반을 빠져나가 태아의 발육에 영향을 미쳤습니다. 2005년에 미국의 환경 단체 EWG(http://www.ewg.org)가 탯줄에 든 화학물질을 조사했더니 287종류의 화학물질이 검출되었습니다.

이처럼 태아나 영 · 유아는 화학물질의 영향을 받기 쉬우므로 임신부나 어린아이는 특히 주의가 필요합니다.

그러면 화학물질의 유해한 영향을 줄이면서 현명하게 공존하려면 어떤 공부를 해야 할까요. 위험을 회피하면서도 필요한 것은 사용하기 위해 필요한 안목을 길러야 합니다.

똑똑한 엄마라면 이렇게!

- ☐ 정말로 그 상품이 필요한지 아닌지 잘 생각한다(리사이클보다 리듀스를!).
- ☐ 사용할 때는 설명서를 잘 읽고 버리는 방법에도 주의를 기울인다.
- ☐ 복합오염을 조금이라도 줄이기 위해 공기를 오염시키는 것은 사용하지 않는다.

사지 않는다는 선택도 실천하자

잘 생각해봤을 때 필요하지 않거나 없어도 괜찮은 것은 아무래도 사지 않게 됩니다. 편리해 보이더라도 지금 집에 있는 것으로 대체할 수 있을지 고민해보고, 사용하지 않는 쓰레기가 늘어나는 건 아닌지 생각해봅시다. 리사이클도 좋지만 리사이클보다 리듀스(줄이기)를 제안합니다. 유행을 좇지 않고 고쳐서 오래 사용할 수 있는 제품을 삽시다. '가게에서 파니까', '광고니까' 안전하다고는 할 수 없습니다. 애착을 갖고 소중하게 쓸 만한 물건을 골라야 할 때입니다.

화장품이나 세제를 살 때는 되도록 성분표시란에 쓰인 화학물질의 수(이름)가 적은 것을 고릅시다. '천연 성분 ○○배합' 등을 강조하더라도 '천연'이라는 말로 안심시킬 뿐인 것도 있습니다. 그 외에 들어간 물질이 유해하다면 본전도 못 찾겠지요. '무첨가' 또한 '무첨가는 일부만'인 것이 적지 않습니다.

리사이클과 리듀스

리사이클은 자원이 되는 것을 구분하고 회수해 한 번 더 자원으로 활용하거나, 소각 시 열에너지로 활용하는 것. 리듀스란 억제하거나 줄인다는 의미로, 쓰레기 발생을 억제하는 것이다. 필요하지 않은 것은 사지 않기, 여분의 포장 하지 않기(에코 백 사용하기 운동), 물건 소중하게 사용하기 등의 대처를 말한다.

사용법, 버리는 방법에도 주의를 기울이기

화학물질은 잘못 사용하거나 버리면 사람 혹은 환경에 악영향을 끼칠 수 있습니다. 쓸 때는 설명서를 잘 읽고 정해진 바를 지킵시다.
기업 홈페이지에서는 수신자 부담 전화나 메일 문의를 받습니다. 의문이나 의견 등을 가볍게 문의하며 활용해봅시다. 기업은 소비자의 목소리에 민감합니다. 상품을 쓰다가 건강이 나빠졌다면 병원에만 가지 말고, 소비자보호원에 상담하고 기업에도 알립시다. 언론에도 제보합시다.
또 텔레비전이나 라디오, 컴퓨터 등 가전제품의 제조에 쓰이는 '난연재'라는 화학물질은 야외에 방치해 빗물에 닿으면 유해한 화학물질이 녹아내려 토양을 오염시킵니다. 버릴 때는 바깥에 방치하지 말고 지자체의 규정에 따라 버립시다.

난연재
타기 쉬운 재료에 사용하면 발화나 화재 확산을 억제해 화염으로부터 보호해주는 화학물질. 그러나 자연환경에서 잘 분해되지 않아 사람의 몸 안에 축적된다. 동물실험에서 미량이라도 집중력, 학습, 기억 및 행동에 장애를 초래한다고 밝혀져, 전 세계에서 다이옥신류 등과 같은 관리가 필요하다고 규제를 강화하고 있다.

복합오염을 줄이는 구매 방법

집 안에는 방향제가 놓여 있고, 세탁물이 마르고 있으며, 잡지나 신문이 있고, 담배를 피울 때도 있고, 살충제나 화장품을 사용하며, 머리카락을 염색하거나 파마하고, 거기다 플라스틱 봉지나 장난감이 있고…. 이렇듯 일상생활에 화학물질이 흘러넘칩니다. 새 제품은 특히 화학물질이 다량 휘발됩니다. 신발이나 가방 등을 살 때는 창고 구석에서 꺼내 온 것보다 전시된 것을 고르는 게 좋습니다. 전시품은 이미 공기에 노출되어 유해 물질이 휘발되고 있기 때문입니다. 안전성만 두고 말하자면 전시품을 추천합니다.

가구나 전화 등은 복합오염을 줄이기 위해 창문을 열고 실내 환기를 할 수 있는 계절에 사는 게 중요합니다. 평소 창을 열고 환기하는 습관도 들입시다. 또 감염증이 유행한다고 염소산으로 '공기를 깨끗이' 한다거나 이산화염소로 '공간 살균'을 해서는 안 됩니다.

만약 아이나 당신에게 신경 쓰이는 증상이 나타난다면 원인이라 생각되는 것을 하나씩 사용하지 않거나 격리해봅시다. 1~2개월 경과 후 증상이 개선될 수도 있습니다.

임신을 원하는 사람이나 임신부, 아이에게는 각별한 배려를

임신, 출산을 앞둔 여성은 젊을 때부터 세제나 화장품, 기호품 등에 주의를 기울입시다. 오랜 기간 동안 유해 물질에 노출된 생활을 하면 몸 안에 유해 물질이 쌓이는데, 이는 임신한다고 해서 갑자기 줄어들지 않기 때문입니다.

또 임신 중, 특히 임신 초기에 모체가 흡입한 화학물질은 태아에게 영향을 줄 가능성이 높은 것으로 알려져 있습니다. 태아를 지킨다는 것은 모체를 지키는 일이기도 합니다. 가정이나 직장의 주변 사람들도 배려하는 것이 중요합니다.

식사할 때는 식이 섬유나 녹황색 채소를 적극적으로 섭취합시다. 몸 안에 쌓인 유해 물질을 줄이는 한편, 배설을 촉진하는 것도 필요합니다.

어린아이는 마룻바닥에서 보내는 시간이 많고, 무엇이든 만지거나 입에 넣습니다. 이러한 아이 특유의 놀이 습관은 성장을 위해 반드시 필요한 행동입니다. 그러므로 아이가 지내는 장소나 만지는 것, 장난감 등은 어른이 심사숙고해 고르는 게 중요합니다.

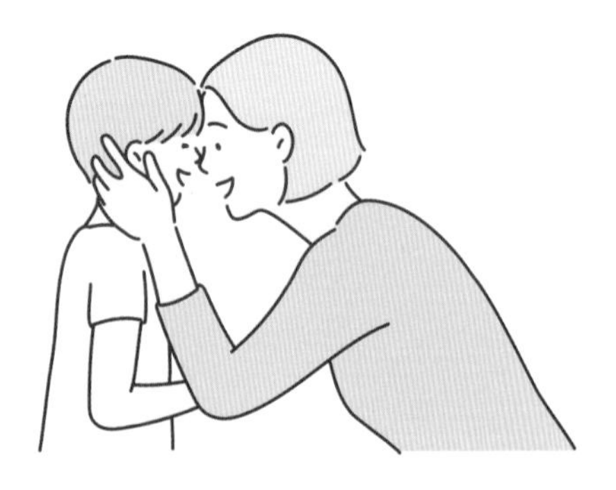

COLUMN

미세 플라스틱에 의한 바다 오염

쓰레기로 버려지는 플라스틱은 바다를 떠돌며 점점 작아집니다. 바닷속에서 자외선이나 파도의 힘에 마모되어 5mm 이하로 작아지면 미세 플라스틱이라 부릅니다. 이것이 전 세계 바다에 약 5조 개나 떠다니고 있다고 합니다.

2015년 조사에 따르면 페트병이 1년간 약 200억 개 판매되었는데 그중 약 27억 개가 재활용되지 않았고, 2억 개는 방치 쓰레기로 추정됩니다. 이 쓰레기가 미세 플라스틱이 되어 세계 각지의 소금에서 검출되고 우리 식탁에 올라오는 것입니다.

저널리즘 단체가 일반적인 브랜드의 미네랄워터(11개국, 259종)를 분석한 결과, 약 9할의 미네랄워터에서 1L당 평균 10.4개의 플라스틱 입자가 검출되었습니다. 과학자들은 '페트병의 미네랄워터에서 수돗물의 약 2배에 달하는 플라스틱 입자가 발견되었다'라고 보고했습니다.

한편 폴리에스테르 등 화학섬유로 만든 옷을 세탁하면 세탁물 쓰레기로 미세 플라스틱이 물에 섞여 배출됩니다. 환경 친화적이어야 할 아크릴 수세미도, 오염물을 닦아내는 멜라민 스펀지도 사용 중 마모된 찌꺼기가 미세 플라스틱이 되어 하수도로 흘러갑니다. 하수에 섞인 미세 플라스틱은 비가 내려 하수도가 넘칠 때 강이나 바다로 방출됩니다. 이 미세 플라스틱은 조개나 고등어, 멸치 등에서 발견되고 있습니다. 그리고 먹이사슬에 의해 다시 우리 입으로 들어옵니다. 미세 플라스틱은 먹은 뒤 배설되지만 여기에 함유된 유해 물질은 우리 몸 안에 쌓여갑니다. WHO는 플라스틱이 인간의 몸에 어떠한 영향을 미칠지 조사를 시작했다고 합니다.

전 세계에서 플라스틱 규제가 시작되고 있습니다. 비닐봉투는 물론 빨대나 랩까지 사용 · 판매를 금지하는 국가도 생겼습니다. 미국에서는 화장품에 들어가는 미세 플라스틱 배합을 금지하는 법조항을 만들었고, 세계 각국에서 이를 뒤따르고 있습니다. 세계적인 커피 체인 스타벅스도 플라스틱 빨대 사용을 중단했습니다.

정말로 남의 일이 아닙니다. 한국의 1인당 플라스틱 소비량은 세계 최고 수준입니다.

Part 1

우리 아이가 먹는 것은 안전할까요?

'먹거리 교육', '지역 생산 지역 소비', '먹거리 안전'을 말하며 오가닉 제품에 대한 선호가 높아지는 한편, 농약과 첨가물이 대량 사용된 식품도 변함없이 판매되고 있습니다. 시간이 갈수록 식품 표시도 복잡해졌습니다. 유치원 · 어린이집과 학교의 급식은 안전할까요? 아이들이 먹을 식품을 고르는 안목을 키워야 합니다.

문제 있는 식품첨가물

두부를 만들 때 쓰는 '간수'는 식품첨가물 중 하나지만, 두부는 간수가 없으면 만들지 못하므로 반드시 필요합니다. 그러나 가공식품 중에는 식품첨가물을 사용하지 않아도 만들 수 있지만 일부러 쓰는 것이 많습니다. 그중 대부분은 오래 보존할 수 있게 해주거나 향 혹은 색 등을 좋게 하려고 쓰입니다. 일본의 식품첨가물은 대략 1500개 품목이 있다고 합니다. 한국에서 식품첨가물로 허가된 품목은 화학적 합성품 370여 종, 천연첨가물 50여 종 정도입니다.

색을 선명하게 하기 위한 아질산나트륨이나 튀김을 바삭하게 하려고 쓰는 트랜스지방산, 맛있어 보이게끔 하는 착색료 등은 쓰지 않아도 되는 첨가물입니다.

아질산나트륨은 아이가 좋아하는 비엔나소시지나 햄, 연어알젓 등에 사용되고 있으나, 발암성 및 유전자를 손상시키는 독성이 있어, 현재 쓰이는 첨가물 중 최악의 물질로 일컬어집니다.

트랜스지방산은 액상의 기름을 고체로 바꿀 때 발생하는 기름으로, 마가린이나 쇼트닝 등의 유지 식품이나 이를 이용한 가공품에 많이 함유되어 있습니다. 심장 질환이나 비만뿐 아니라, 어린이나 임신부가 먹으면 아이의 뇌신경에 영향을 미친다는 사실이 알려져 전 세계에서 규제가 시작되고 있습니다. 미국은 '첨가물'에서 '유해 물질'로 바꿨고, 2018년까지 모두 없애기로 했습니다. 마가린의 제조, 판매를 금지하는 나라도 있지만, 일본과 한국에서는 각 기업의 자율 규제에 맡기고 있습니다.

합성착색료는 과자나 음료, 빙수의 시럽이나 젤리 등에 쓰입니다. 해외에서는 발암성 및 유전자에 미치는 영향, 발달장애의 원인으로 의심받아 사용이 금지된 것도 있습니다.

식품첨가물 중에는 천연첨가물도 있지만, 천연이니 안전하다고는 할 수 없습니다. 연지벌레가 원료인 코치닐 색소는 천연이지만 천식이나 호흡곤란을 일으키기도 합니다.

식품첨가물

현재 일본에서 인정받는 식품첨가물은 대략 1500품목(지정첨가물 약 400종류, 기존첨가물 약 400종류, 천연향료 약 600종류, 일반 음식물첨가물 약 100종류).

트랜스지방산

트랜스지방산을 많이 함유한 식품 : 마가린, 팻 스프레드, 쇼트닝, 스낵, 도넛, 케이크, 비스킷, 시판 빵 등.

합성착색료

석유제품을 원료로 화학합성해 만든 것으로, 식품이나 요리에 색채를 더하기 위해 쓴다. 발암성이나 최기형성 의혹[1] 등 안전성에 문제가 있는 것도 있다.

---

(1) 태아기에 작용해 장기의 형성에 영향을 주어 기형이 되게 하는 성질.

똑똑한 엄마라면 이렇게!

- □ 가공식품을 살 때는 반드시 뒷면의 첨가물 표시를 확인하고 첨가물이 적은 상품을 고른다. 특히 첨가물 수가 많은 것이나 색이 너무 선명하게 느껴지는 식품은 주의.
- □ 마가린이나 쇼트닝 가공 버터는 되도록 사용하지 않는다. 이를 사용한 식품도 사지 않는다.
- □ '식품'이 아니라 '식재료'를 사고, 집에서 조리하는 습관을 들인다.

위험한 합성감미료

아이들은 달콤한 것을 좋아합니다. 어른도 피곤할 때 단 음식이 먹고 싶어지는 사람이 적지 않을 겁니다. 디저트 같은 달콤한 음식 때문에 식사를 포기하는 경우도 드물지 않지요.

WHO의 하루 설탕 섭취 권장량은 평균 25g입니다. 그러나 일본인의 경우 평균 69g 정도 섭취하고 있다고 합니다. 한국인은 이보다 더 많은 1일 평균 100g 정도 섭취하고 있다고 합니다.

아이스크림 1개 10g, 카스텔라 1개 15g, 찹쌀떡 1개 32g, 사과주스 1개 27g, 청량음료 1잔 32g. 이는 각각에 함유된 설탕의 양입니다. 특히 시판 음료에 든 설탕의 양은 놀라울 따름입니다.

그래서 단 음식을 먹거나 마셔도 살찌지 않도록 '합성감미료(다이어트 감미료)'라는 것이 탄생했습니다. 합성감미료는 당도가 설탕의 수십 배에서 수백 배에 이르지만, 칼로리는 거의 없으므로 다이어트가 가능하다는 겁니다. 당뇨 환자용으로 만든 것도 있습니다. '저칼로리'나 '슈거 프리'라고 쓰여 있는 식품 중에는 합성감미료를 사용한 것이 적지 않습니다. 이것들은 안전한 걸까요.

합성감미료는 대부분 의존성이 있어 먹기 시작하면 끊고 싶어도 끊을 수 없다고 합니다. 강한 단맛에 혀가 익숙해져, 과일 같은 자연의 단맛이 부족하다고 느끼게 되는 것도 염려되는 점입니다. 아스파탐, 액상과당 등 유전자 변형 작물로 만든 것이나 수크랄로스처럼 발암성이 지적되는 것도 있습니다. 특히 우려되는 점은 과자, 요구르트, 유음료, 스포츠 드링크 등 아이들이 자주 먹는 것에 많이 쓰인다는 점입니다.

합성감미료 에리트리톨, 자일리톨, 스테비아는 알레르기 유발 가능성이 보고되었습니다. 저칼로리 단팥빵 앙금에 쓰인 에리트리톨 때문에 이를 먹은 사람이 알레르기를 일으켜 쇼크 상태에 빠지는 사고도 일어나고 있습니다.

똑똑한 엄마라면 이렇게!

- ☐ '설탕 제로', '다이어트', '저칼로리'라고 쓰인 상품은 성분을 확인한다.
- ☐ 성분표시에 '액상과당', '아스파탐', '수크랄로스', '아세설팜K', '에리트리톨', '자일리톨', '스테비아', '사카린'이라고 쓰인 식품은 피한다.
- ☐ 되도록 식자재 자체의 단맛을 이용한다.
- ☐ 뭐든 과하게 섭취하지 않는다. 같은 음식만 섭취하지 않도록 한다.

주요 감미료

아스파탐	유전자 변형 원료로 만든 합성감미료. 아지노모토(주)가 '펄스위트'라는 상품명으로 판매. 설탕보다 단맛이 100배 강하고 제로 칼로리. 습관성이 있고, 흥분독성, ADHD(주의력 결핍 과잉행동장애), 극미량이라도 정자에 장애 발생, 신장 기능 저하 등을 일으킬 수 있다. 후생노동성에서 임신부는 피해야 한다고 통보했다. 다이어트 음료, 껌, 당뇨 치료식, 의약품 등 6000가지 이상의 제품에 사용되고 있다.
아세설팜K	유전자 변형 원료로 만든 합성감미료. 설탕보다 200배 강한 단맛이 난다. 발암성 물질인 염화메틸렌을 사용해, 발암성, 신장이나 간 손상, 우울증, 면역에 영향을 미칠 가능성, 뇌 기능에 대한 영향이 우려된다. 영양제나 에너지 음료, 다이어트 음료, 젤리, 아이스크림 등에 사용된다.
액상과당	옥수수나 감자 등의 전분이 원료인 천연감미료. 옥수수전분이 유명한데, 이 옥수수의 대부분은 유전자 변형 작물이다. 함유된 과당의 비율에 따라 세 종류로 표시된다. 흡수가 빨라 혈당치를 급격하게 상승시킨다. 천식, 고혈압, 뇌나 간에 대한 영향이 우려된다. 청량음료나 아이스크림, 젤리 등에 사용된다.
에리트리톨	멜론, 포도, 배 등의 과실이나 간장, 미소 된장, 와인, 청주 등의 포도당을 발효시켜 만든 당알코올로, 천연 제로 칼로리 감미료. 설탕의 80% 정도 단맛이므로 다른 감미료와 함께 사용된다. 알레르기 보고 및 대량 섭취 시 설사할 가능성도 지적되고 있다. 껌이나 사탕, 젤리, 청량음료, 화장품 보습 조정제로 사용된다.
사카린	톨루엔 등에서 합성한 합성감미료. 설탕의 200~500배 단맛을 낸다. 발암성 의혹으로 일시적으로 사용이 금지되었으나 현재는 사용 기준을 세워 재허가받았다. 순도가 낮은 것은 동물실험에서 염색체 이상이 보고되었다. 주로 껌이나 주스, 장아찌, 당뇨식, 치약 등에 사용된다.
수크랄로스	독성에 차이는 있지만 DDT 등의 농약, 가네미유증의 PCB, 다이옥신 등과 같은 유기염소 화합물의 일종. 설탕보다 600배 달다. 여러 동물실험을 통해 면역력 저하, 암 발생이나 장기 이상, 위장장애, 유산이나 사망한 예까지 보고되었지만 1999년 이례적으로 허가되었다. 캔 커피, 아이스크림, 과자 등에 사용된다.
스테비아	국화과 다년초로 만드는 천연감미료. 설탕보다 200배 달다. 간장이나 정장제, 방충제로 사용된다. 저순도인 것은 불임, 발암성을 띠는 것도 있으므로 임신부나 수유 중인 사람은 섭취를 삼가야 한다. 알레르기, 현기증 및 두통의 원인으로 지적된다.

꺼림칙한 유전자 변형 식품

점차 식품이 인공적으로 만들어지고 있습니다. 합성감미료나 일부 식품첨가물도 사람이 만들어낸 화학물질이지만 '유전자 변형 식품'은 그중에서도 조금 더 꺼림칙합니다. 농산물 자체가 '농약'이 되기도 하기 때문입니다.

예를 들자면 옥수수를 먹은 벌레가 죽는 현상이 발생합니다. 왜 그럴까요? 이는 그 벌레가 먹은 옥수수가 '유전자 변형 옥수수'이기 때문입니다. 옥수수에 살충 성분 유전자를 끼워 넣어 옥수수 자체가 살충 성분을 만들어내게 된 것입니다. 따라서 이 옥수수를 먹은 벌레는 죽어버립니다.

벌레가 먹고 죽는 농산물을 사람이 먹어도 되는 걸까요? 그 외에도 제초제를 뿌리면 주변 잡초는 죽지만 작물은 죽지 않게끔 만든 '유전자 변형 작물'도 있습니다. 유전자 변형 식품은 전 세계에 퍼져 있지만 알레르기나 발암성 등이 지적되며 안전성에 대한 장기적인 검증이 필요하다는 여론이 대두되고 있습니다.

일본인은 유전자 변형 작물을 세계에서 가장 많이 먹고 있다고 알려져 있습니다. 일본의 가공식품에 사용되는 대두나 옥수수는 대부분 수입 유전자 변형 작물입니다. 그럼에도 일본의 유전자 변형 식품 표시 의무는 애매해 빠져나갈 구멍도 많고 분간하기도 어렵습니다. 육류는 어떨까요. 안타깝게도 우리가 먹는 돼지나 소, 닭은 거의 유전자 변형 먹이로 기릅니다.

껌이나 스낵, 유음료, 초콜릿, 아이스크림 등에도 유전자 변형으로 만든 원료를 많이 사용하고 있습니다.

한국은 GMO 전 세계 수입 1위 국가입니다. 한국에서 먹는 대부분의 옥수수와 콩은 GMO 식품입니다. 한국 식약처에서 규정한 GMO 허용 기준치는 비의도적 혼입을 3% 정도로 제한합니다. 그러니까 비의도적으로 혼입된 경우가 그 이하라고 한다면 GMO 제품으로 명시하지 않아도 되는 겁니다. 한국은 3%지만 유럽 같은 경우는 0.9%로, 다른 나라들은 비교적 엄격하게 그런 것을 제한하지만, 한국은 예외 조항이 굉장히 많다고 할 수 있습니다. 유럽 같은 경우에는 민간에서 비GMO, NON-GMO라는 표시를 적극적으로 할 수 있도록 허용하지만 한국은 아직입니다.

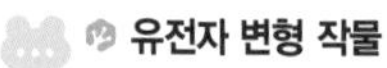

유전자 변형 작물

본래 교배하지 않는 작물의 유전자에 별도 생물의 유전자를 끼워 넣어 새로운 '성질'을 띠도록 만들어낸 작물.

일본에서 사용이 허가된 유전자 변형 작물

대두, 감자, 옥수수, 유채, 면실, 알팔파, 사탕무, 파파야 등 8종류로, 미국과 캐나다 등에서 수입. 미국은 대두 생산의 93%, 옥수수의 86%가 유전자 변형.

덧붙여 면실은 목화의 씨앗을 원료로 만든 샐러드유. 쉽게 산화되지 않아 스낵이나 튀김, 참치 캔의 기름으로 사용한다. 찌꺼기는 가축 사료로 사용. 전 세계 면실의 약 8할이 유전자 변형이지만, 가공 도중 분해되므로 면실유, 즉 기름이라고 표시할 의무가 없다. 비 유전자 변형 면실유도 있다.

일본의 유전자 변형 식품 표시 의무

- '함유량이 많은 순으로 세 번째까지, 동시에 중량비 5% 이내의 경우에만 표시'라고 되어 있다. 더구나 원료에 유전자 변형 작물을 사용했더라도 가공 도중 분해되면 표시하지 않아도 된다고 표기돼 있다.
- 간장, 콘플레이크, 설탕, 물엿, 액상과당, 옥수수유, 콩기름, 채종유, 면실유는 표시 불필요. 가축의 먹이(사료)도 표시할 필요 없다.
- EU에서는 소매점뿐만 아니라 레스토랑에서도 전 품목 표시가 의무로 정해져 있다. 일본에서 '유전자 변형 없음'으로 팔리는 상품 중 유럽에서는 '유전자 변형'으로 판매되는 것도 있다. 2017년부터 시작된 국가 검토회에 따르면, 이후 유전자 변형 표시 제도가 더 느슨해질 수도 있다고 한다.

한국은 2001년부터 GMO 표시제를 시행했습니다. 대상은 국내에서 판매되는 유전자 변형 농산물과 가공식품, 사료 등이며 표시 대상은 식품의약품안전처의 안전성 심사 결과 식품용으로 승인된 유전자 변형 농·축·수산물과 이를 원재료로 사용해 제조·가공한 후 유전자 변형 DNA 또는 단백질이 남아 있는 가공식품류다. 단, 유전자 변형 성분이 비의도적으로 3% 이하 혼입된 농산물과 가공식품, 식품첨가물의 경우 구분유통증명서 등의 서류를 갖추면 표시 대상에서 제외된다. 또 열처리 · 발효 · 추출 · 여과 등 고도의 정제 과정으로 유전자 변형 DNA나 단백질이 사라진 유지류, 당류 등도 제외된다. 그 때문에 간장, 물엿, 옥수수유, 콩기름, 카놀라유 등은 유전자 변형 식품 표시에서 제외된다.

GMO 표시제 표시 대상인 유전자 변형 식품 안전성 심사 승인을 받은 품목은 2020년 3월 기준 총 208품목으로, 농산물 7종류(콩 · 옥수수 · 면화 · 카놀라 · 알팔파 · 사탕무 · 감자) 176품목, 미생물 6품목, 식품첨가물 26품목이다.

똑똑한 엄마라면 이렇게!

- □ 간장이나 된장은 국산 대두를 사용하고, 식초는 국산 쌀 식초를 사용한다.
- □ 표시에 '유전자 변형 없음'이라고 쓰인 것을 산다.
- □ 유전자 변형 사료를 먹이지 않는 가축이나 닭, 우유를 찾아 먹는다.

눈치채지 못하는 사이에 유전자 변형 식품을 먹고 있다?!

과자나 주스의 원재료에는 유전자 변형 원료 유래일 가능성이 높은 것(아래의 볼드체 원재료)이 포함되어 있습니다.

프레첼	밀, **식물성기름**, **쇼트닝**, **설탕**, 감자, 술지게미, 이스트, 밀단백, 식염, 과당 포도당액당, 맥아 추출물, 닭 추출물, 콩소메 시즈닝, **조미료(무기염 등)**, 향료, **산화방지제(비타민 E)**, 대두
청량음료	**설탕**, **과당 포도당액당**, 과즙, 식염, 산미료, 향료, 염화K, 젖산Ca, 조미료(아미노산), 염화Mg, **산화방지제(비타민 C)**

'유전자 변형 식품 필요 없어! 캠페인' 체크 시트 발췌

들이마시면 무서운 농약

환경성이 목록화한 환경호르몬 물질(내분비 교란 화학물질) 중 약 60%는 농약 성분입니다. 2010년 데이터에서는 일본의 농약 사용량이 세계 2위입니다.

전 세계에서 꿀벌의 이상 행동으로 떼죽음이 확인되었습니다. 그 원인으로 추측되는 네오니코티노이드계 농약은 EU에서 규제하기 시작했습니다. 일본에서는 반대로 기준을 더욱 완화하려고 합니다. 한국의 경우 '인체에 무해한 살충제'라는 인식이 팽배한 가운데 시장점유율이 30%를 넘을 정도로 널리 사용되고 있습니다.

북일본 논 주변에 놓인 415개의 벌통과 꿀벌을 관찰한 결과, 100마리 이상 꿀벌의 떼죽음이 24회나 확인되었고, 국산 벌꿀에서는 네오니코티노이드계 농약이 검출되었습니다.

지바공업대학의 가메다 유타카 교수 연구진 그룹의 보고에 따르면, 2017년 9월에 도쿄, 이와테, 후쿠시마, 이바라키, 지바, 나가노, 시즈오카, 돗토리, 오키나와의 9개 현에서 모은 73개의 샘플 전체에서 네오니코티노이드계 농약이 검출되었고, 6할이 넘는 벌꿀이 국가의 잠정 기준을 웃돌았습니다.

농약이 인간에 끼치는 영향은 주로 뇌와 자율신경을 흐트러뜨리는 것입니다. 환경뇌신경과학정보센터의 구로다 요이치로 씨는 "농약은 어린이의 뇌에 영향을 미쳐 ADHD 등 발달장애를 일으킬 가능성이 높다"라고 지적합니다. 그럼에도 농가가 네오니코티노이드계 농약을 선호하는 건 어째서일까요?

네오니코티노이드계 농약은 한 번만 사용해도 효과가 오래 지속되어 농약 사용 횟수가 줄어들기 때문입니다. 농약 사용 횟수가 줄면 '특별재배 농산물', '저농약 재배' 등의 프리미엄 재배가 가능해져 고가로 팔 수 있습니다. 그러나 이런 농약은 뿌리에까지 성분이 흡수되므로 수확한 농산물을 씻거나 껍질을 벗겨도 농약 성분이 남습니다.

다른 하나는 쌀 등급과의 관계입니다. 쌀은 해충 피해를 입으면 갈색 얼룩이 생기는 '반점미'가 됩니다. 반점미는 검사 시 등급이 떨어지므로 농약으로 노린재를 쫓으려는 것입니다. '반점미'는 먹어도 무해하며 맛도 변함이 없지만, 사실상 소비자에게는 거의 전달되지 않습니다. 쌀의 모양새에 집착할수록 농약 사용량이 증가하는 것입니다. 소비자는 농약을 사용한 쌀과 채소, 과일을 사지 않는다는 선택도 가능합니다.

네오니코티노이드계 농약은 포도나 딸기 등 과일이나 녹차에 많이 사용됩니다. 홋카이도대학 등의 연구 팀은 시판 일본산 녹차 과자와 보틀차 음료 전체에서 네오니코티노이드계 농약이 검출되었다고 전문지에 발표했습니다. 한편 스리랑카산 찻잎에서는 검출되지 않았다고 합니다. 일본의 잔류 농약 기준은 유럽이나 미국과 비교하면 심할 정도로 느슨합니다.

미국소아과학회에서 발표한 '정책 성명'에는 '어린이의 농약 노출은 소아암이나 행동장애와 관련 있다'라며 '어린이의 농약 노출은 가능한 한 제한해야 한다'라고 밝혔습니다. 소아과 의사는 급성 또는 만성 농약 노출이 끼치는 영향을 숙지할 필요가 있다고도 했습니다. 반면 일본은 정부의 발달장애지급부국부터 농약에 대한 주의를 환기하지 않습니다. 우리는 농약에 대해 지나치게 무관심하다는 생각이 듭니다. 소아과 의사는 물론 유아원이나 보육원, 학교 등 어린이와 접하는 일을 하는 어른은 농약에 대한 이해도를 높여나갑시다.

꿀벌의 이상 행동(CCD 군집붕괴증후군)

양봉가가 기르는 꿀벌이 대량으로 사라지는 현상. 벌집 안이나 주변에 벌의 사체도 없다. 네오니코티노이드계 농약이 벌의 방향감각을 앗아가 벌집으로 돌아올 수 없게 하는 것으로 추측된다.

네오니코티노이드계 농약의 규제

2017년 12월, 농수성[1]은 10종류의 글리포세이트 제초제 외 네오니코티노이드계 농약 설폭사플로르를 새롭게 농약으로 등록했다. 그즈음 공공 의견 공모 절차에서는 다수의 반대 목소리가 나왔다. 국제 환경 NGO 그린피스 재팬(도쿄도 신주쿠구)도 성명을 발표해 비판하고 있다. 네오니코티노이드계 농약은 꿀벌을 해치는 독성이 강하므로 미국에서는 엄격하게 사용을 제한한다. EU위원회는 2013년 12월부터 세 종류의 네오니코티노이드계 농약(콜로티아니딘, 이미다클로프리드, 티아메톡삼)의 사용을 일시적으로 금지, 유럽식품안전청(EFSA)에서 재평가를 실시했다. 그 결과 이 세 종류가 꿀벌이나 야생 벌에게 악영향을 미친다는 결론이 나와, 2018년 4월 '야외 사용 금지'를 결정했다. 2018년 8월 유럽과 미국에서는 홈센터나 대형 소매업계에서 네오니코티노이드계 농약 제품과 글리포세이트 제품, 이를 사용한 원예식물의 취급 중지가 잇따랐다. 이처럼 유럽과 미국을 중심으로 네오니코티노이드계 농약, 유럽을 중심으로 글리포세이트 제초제 금지의 물결이 거세지는 한편, 일본은 농약을 신규로 등록하고 잔류 기준도 대폭 완화해, 헬리콥터를 통한 공중 살포까지 행하고 있다.

똑똑한 엄마라면 이렇게!

- □ 조금 비싸거나 모양이 이상하더라도 무농약 · 무화학비료 채소를 구입한다. 믿을 만한 농가에서 산지 직송으로 구입한다.
- □ 가정 텃밭에서 제초제를 사용하지 않고 무농약 · 무화학비료 채소를 기른다.
- □ 생협, 한살림, 초록마을 등 유기농산물을 파는 특설 판매장을 이용한다. 또 이런 매장이 증가하도록 요청한다.
- □ '저농약 쌀'이나 '특별 재배 쌀' 등을 공동 구매할 경우 담당자에게 사용 중인 농약을 확인한다(소비자의 목소리가 생산자를 바꾼다).

네오니코티노이드계 농약(아세타미프리드)의 각국 잔류 허용 기준(ppm)

식품	일본	한국	미국	EU
딸기	3.0	1.0	0.6	0.01*
배	2.0	0.5	1.0	0.1
포도	5.0	1.0	0.35	0.01*
수박	0.3	0.1	0.5	0.01*
멜론	0.5	0.3	0.5	0.01*
녹차	30	7.0	50**	0.1*
토마토	2.0	2.0	0.2	0.1
오이	2.0	0.7	0.5	0.3
브로콜리	2.0	1.0	1.2	0.01*
피망	1.0	5.0	0.2	0.3

※미국에서는 수입 녹차에 대해서만 50ppm의 기준치를 설정하고 있다.
http://no-neonico.jp/kiso_problem1 발췌

(1) 일본의 행정기관 중 하나로 한국의 농림축산식품부, 해양수산부에 해당한다.

노력 중인 유기농 농가들

농약 사용량 세계 1, 2위를 다투는 일본과 한국은 발달장애 발생률 또한 세계 1, 2위를 다투고 있습니다. 농약 사용량과 발달장애 발생률은 무관한 게 아닌 듯합니다(출처 : 농업대국 일본의 현실, 네오니코티노이드계 농약으로 발달장애가 급증! 이와카미 야스미가 진행한 니시오 마사미치 씨, 구로다 요이치로 씨 인터뷰, 2015년 4월 18일, http://iwi.co.jp/wj/open/archives/242962).

또 2013년에는 네오니코티노이드계 농약 티아클로프리드가 공중 살포된 지역(군마현 서남부)에서 두통, 구역질, 권태감, 현기증, 손발 떨림 등의 증상을 호소하는 어린이가 많았다고 보고되었습니다.

여기서는 미래의 아이들을 위해 농약을 사용하지 않는 농업을 지향하는 단체를 소개합니다. 이 같은 대처를 지지하고 농가 관계를 구축하면서 우리의 밥상을 지키고 싶습니다.

- 군마현 시부카와시에서는 네오니코티노이드계 농약과 유기인계 농약을 사용하지 않고 키운 농산물을 인증하는 제도를 전국에서 처음으로 만들었습니다. 이 농산물은 거의 시내에서 판매되며, 학교 급식에도 사용되고 있습니다.
- 에히메현 이마바리시에서는 초등학생 자녀를 둔 어머니들의 운동 덕분에 이마바리산 유기농 농산물을 우선적으로 학교급식으로 다루게 되었습니다. 또 유전자 변형 작물 및 그 가공식품을 사용하지 않기로 정했습니다.
- 고치현에서는 네오니코티노이드계 농약을 사용하지 않는 대신 꽃가루받이를 호박벌에 맡기고 천적을 이용하거나 방충망을 사용하는 '에코 시스템 재배'로 키운 농작물을 전국에 출하하고 있습니다.
- 오카야마현, 이바라키현 등에서는 농업인과 양봉업자가 협력해 네오니코티노이드계 농약

을 사용하지 않는 작물의 '꿀벌 인증 시스템'을 만들었습니다. 꿀벌이 반경 500m 이내에 살아 있으면 네오니코티노이드계 농약을 사용하지 않는 증거라고 판단, 인터넷상에 생산자를 소개합니다.

- 이시카와현에는 NPO 법인 가호쿠가타 호수와 늪 연구소의 모든 분과 지역 농업인이 안전하고 맛있는 쌀을 먹고 싶어 하는 사람들에게 예약 주문을 받아 네오니코티노이드 프리 논 면적을 확대하고 있습니다. 여기서 재배한 '살아 있는 건강한 쌀'은 모종에서부터 농약을 사용하지 않고 기릅니다. 논 한 자리마다 서식 중인 생물을 조사를 실시, 인증하고 있다고 합니다.
- 한국에서도 각 지역의 유기농 농가들이 건강한 농산물을 생산하기 위해 노력하고 있습니다. 인터넷에 유기농 쌀, 유기농 사과 등을 검색하면 다양한 판매처가 나오니 꼼꼼하게 따져보고 선택해주세요.

오타루 · 아이의 환경을 생각하는 부모 모임에서 요청서 제출

2018년 10월, 우리 모임에서는 발암성이 지정된 글리포세이트(라운드업)와 뇌신경에 대한 영향이 우려되는 네오니코티노이드계 농약의 판매를 중지할 것과 가능한 한 인체에 영향을 적게 끼치는 상품을 판매할 것을 아마존 재팬(주), (주)다이소산업, DCM호맥(주), (주)LIXIL 비바에 요청했습니다. 앞으로 전국 서명을 전개하고 거듭 요청할 것입니다. 농가뿐만 아니라 가정, 주차장, 공원, 공동 시설 등의 제초제 및 농약으로, 혹은 살충제나 반려동물 벼룩 제거제 등으로 이러한 물질이 사용되고 있습니다.

COLUMN

하늘에서 농약이 내려!

농약 공중 살포는 프랑스 등 EU 국가에서 금지를 진행 중입니다. 그러나 일본에서는 공중 살포가 주류가 되고 있습니다.

공중 살포에는 조종사가 헬리콥터를 타고 높은 상공에서 농약을 살포하는 방법(유인 헬리콥터)과 헬리콥터를 지상에서 무선 조종해 살포하는 방법(무인 헬리콥터)이 있습니다. 2011년 무인 헬리콥터에 의한 농약 공중 살포 면적은 사상 최고치를 기록했고, 지역별로는 홋카이도가 제일 넓었습니다. 홋카이도의 초등 및 중학생의 천식, 아토피 발생률은 전국 평균의 2배(2017년 학교 보건 조사)입니다.

무인 헬리콥터에 의한 공중 살포는 한 번에 실을 수 있는 농약의 양이 정해져 있으므로 농약 농도를 지상 살포의 수백 배로 짙게 할 수밖에 없습니다. 농도가 진해지면 그만큼 농약이 휘발되기도 쉬워집니다.

무인 헬리콥터에 의한 공중 살포는 고도 약 3m부터 행해지지만, 농약이 바람을 타고 얼마큼의 농도로 어디까지 날아갈지 알 수 없습니다. 게다가 일본에서는 농지 바로 옆에 민가나 통학로가 있으므로 아이들은 농약 안개를 뚫고 통학하게 됩니다. 화학물질과민증인 사람은 농약 살포 시기에 일시적으로 다른 곳으로 피란을 하곤 합니다.

2008년 이즈모시에서는 소나무 해충을 방제하기 위해 유인 헬리콥터로 농약을 공중 살포했습니다. 그때 초등 및 중학생 1200명 정도가 눈 가려움증과 출혈 등의 건강 피해를 호소했습니다.

소나무 해충은 소나무가 건강할 때는 먹지 않고 약한 소나무를 먹는다고 합니다. 왜 소나무가 약해졌는지 검증도 하지 않은 채 갑작스레 농약을 공중 살포한 것은 잘못된 관리법입니다. 사실 공중 살포의 효과조차 검증되지 않았습니다.

최근에는 기체도 싸고 조작이 간단하다는 이유로 드론에 의한 공중 살포가 각지에서 행해지고 있습니다.

방사능이 걱정되는 방사선 조사 식품

홋카이도 도카치 관내에서 수확한 감자, 남작[1]과 메이퀸[2]에 발아 방지를 위한 방사선(감마선)을 조사하고 있습니다. 우리는 후쿠시마 원전 사고를 통해 방사성 물질이 극미량만 있어도 안전하지 않다는 사실을 깨달았습니다. 그럼에도 무슨 이유로 식품에 일부러 방사선을 조사하는 것일까요. 방사선 조사 식품을 먹어도 괜찮은 걸까요?

식품 조사라 불리는 기술은 미군이 전장에서 식품을 오래 보존하기 위해 사용하던 기술입니다. 일본에서 감자에 방사선 조사를 하는 이유는 초봄에 규슈에서 햇감자가 도착할 때까지 홋카이도 감자의 발아를 저지하고 판매하기 위해서라고 합니다. 그러나 사실 규슈 감자는 이른 시기에 출하되기 때문에 감자가 부족하지 않습니다.

방사선을 조사한 감자는 겉모습이 변하지는 않으나 반년 이상 지나도 싹이 트지 않습니다. 실제로 방사선 조사 식품에 강한 발암 작용을 하는 물질(시클라부타논)이 생성된다는 사실이 판명되었습니다.

방사선 조사를 추진한 사람은 "방사선 조사로 식품이 방사능을 띠게 되진 않는다"라고 말하지만, 방사능 조사 감자에서 유도 방사능[*]이 발생한다는 걸 잘 알고 있습니다. 이를 먹으면 내부 피폭[*]을 당할 위험성이 있습니다.

이러한 방사선 조사 감자는 1975년부터 1978년까지 전국 학교급식으로 사용되었습니다. 보호자들의 강한 항의로 사용이 중단되었으나, 1992년에 다시 군마, 나가노, 교토, 오사카 등의 학교급식으로 사용되기도 했습니다.

방사선 조사 감자는 홋카이도와 규슈 외의 지역에 출하되지만, 2015년 봄에는 홋카이도 네무로시에서도 판매된 사실이 확인되었습니다.

방사선 조사 시설에서는 작업 중 피폭 사고나 폐기물 문제 등 원자력발전소와 동일한 문제가 일어나고 있습니다.

한국의 방사선 조사 식품 허가 품목으로는 감자, 양파, 마늘 등의 발아억제, 건조 향신료 및 소스류 등에 살충, 살균 목적의 26개 품목이 해당됩니다. 조사된 완제품이나 조사된 원료가 함유된 식품에는 방사선 조사 표시를 해 유통시키고 있습니다. 조사 식품은 용기에 넣거나 포장한 후에 판매해야 하며 제품 포장이나 용기에는 반드시 직경 5cm 이상의 크기로 방사선 조사 식품 마크를 표시해야 합니다.

---

(1) 감자 품종의 일종. 둥글게 생겼으며 전분 함량이 높아 분이 많이 난다. 한국에서도 많이 재배된다.

(2) 감자 품종의 일종. 긴 타원형으로 생겼으며 전분 함량이 낮아 잘 부서지지 않는다.

식품 조사

살균 · 살충, 식품의 보존 기한 연장을 목적으로 식품에 방사선을 조사하는 일. 일본에서는 1975년 홋카이도 시호로마치 농협에서 감자의 발아 방지를 목적으로 처음 시작했다. 일본에서 방사선 조사가 허가된 식품은 감자뿐이다. 수입은 금지되었으나 2014년에 미국에서 수입된 보리싹 추출물이 방사선 조사를 받은 것이었다. 또 1974년에는 와코도 이유식의 채소 분말이 방사선 살균되기도 했다.

유도 방사능

원래는 방사선을 내뿜지 않던 물질이 방사선 조사를 받은 뒤 방사능을 띠게 되는 것.

내부 피폭

먹거나 마시거나 호흡하는 과정에서 방사성 물질에 오염된 것이 유입되면, 체내가 방사능에 오염되어 몸의 내부에서부터 피폭이 일어나는 것.

똑똑한 엄마라면 이렇게!

☐ '감마선 조사 완료'나
'싹 방지 처리'라고 쓰인 감자는 사지 않고 먹지 않는다.

Part 2

아이가 매일 쓰는 물건은 안전할까요?

기업이 소비자의 건강까지 생각하며 제품을 만든다고는 할 수 없습니다. 기업은 이윤을 남기는 게 우선이므로 화학물질이 환경이나 건강에 영향을 미친다 해도 법적인 문제가 없다면 사용합니다. 반면 조금 비싸더라도 안전한 재료를 사용해 단순하고 오래 사용할 수 있는 물건을 만드는 기업도 있습니다. 소비자인 우리가 제품을 고르는 안목을 갖추는 것이 중요합니다.

매일 가지고 노는 장난감

일본과 한국에서 판매되는 장난감 중 9할은 플라스틱 제품입니다. 알록달록한 도료도 사용하는데, 아이가 빨거나 깨물어도 괜찮을까요.

플라스틱은 인류가 석유에서 만든 화학물질로, 흙으로 돌아가지 않습니다. 특히 상품명에 '비닐'이라 쓰인 것은 사람과 환경에 악영향을 미칠 것이 우려되는 염화비닐(폴리염화비닐) 제품입니다.

캐릭터 인형 같은 것은 거의 염화비닐로 만들었으며, 플라스틱을 부드럽게 하기 위해 프탈산에스테르를 사용하고 있습니다. 프탈산에스테르는 휘발성이 높아 상온에서도 실내에 조금씩 녹아납니다. 염화비닐의 안전성이 문제가 된 뒤로는 'ABS수지'나 'AS수지'가 많이 쓰이지만 이것들은 내분비 교란 화학물질인 스티렌 모노머가 녹아나는 것으로 알려졌습니다. 최근에는 주로 장난감 등의 원재료로 프탈산을 쓰지 않은 ATBC-PVC(Acetyl Tributyl Citrate-polyvinyl Chloride) 비(非)프탈산계 염화비닐을 사용하고 있는 듯합니다. ATBC에 관한 국립의약품식품위생연구소 보고에서 간에 경미한 영향을 주는 것이 확인되었습니다(〈국립의약품 식품위생연구소 보고〉 발췌).

미니카, 퍼즐, 게임기 등의 도료에서 기준치를 초과하는 납이 검출된 일도 있습니다. 천연 목제 장난감이라도 농약이 잔류하거나 방충 처리된 것도 있습니다. 나무끼리 붙여 만든 장난감은 접착제에도 주의가 필요합니다.

장난감에는 안전 기준을 통과한 제품에 붙이는 마크가 있습니다. 유럽에서는 CE마크, 일본에서는 완구협회의 자율 기준인 ST마크가 있습니다. 한국에는 KC마크가 있습니다. 과거 완구협회에는 ST마크를 무단으로 부정 사용한 기업이 있었는데, 해당 장난감에서 기준치를 큰 폭으로 상회하는 화학물질이 검출되기도 했습니다.

프탈산에스테르

프탈산에스테르에는 60여 종류가 있으며 그중 9종류는 당시 환경청이 '환경호르몬 작용'이 있다고 지적(1998년)했다. 식품이나 의류 포장재, 벽지, 보디로션 등에 폭넓게 사용된다. 아이들 장난감에는 사용을 규제하는데, EU에서는 프탈산 중 DEHP(DOP), DBP, BBP는 12세 이하 장난감과 3세 이하용 유아용품에 0.1% 이하로 사용을 제한한다. 일본에서는 6세 이하용 장난감에 0.1% 이하로 사용을 제한한다. 생식 독성의 우려도 있어 세계 각국에서 규제의 움직임이 활발해지고 있다.

스티렌 모노머

폴리스티렌이나 ABS수지 등의 플라스틱 및 고무, 도료의 원료. 무색투명한 액체로 강한 냄새가 나고 발암 가능성이 있다. 쥐를 대상으로 한 실험에서는 생식기에 영향을 주었다.

납

납은 내분비 교란 화학물질이라고 의심되는 물질로, 중추신경계에 영향을 주어 지적장애나 학습장애를 일으킨다. 어린이는 특히 쉽게 영향을 받는다. 미국환경보호청(EPA)에 따르면 '납은 어린이의 신체 발달을 방해하고, 고혈압, 청각 저하, 불임을 부르며 아마도 발암물질일 것'이라 한다. 배터리, 플라스틱 안정제, 도자기 유약, 도료, 물감 튜브 등에 사용된다.

유럽의 CE마크

유럽 지역 내에서 판매·유통되는 공업 제품이 EU 가맹국의 안전 기준을 충족함을 나타내는 마크. 이 마크가 붙지 않은 제품은 유럽 지역 내에서 자유롭게 판매·유통될 수 없다.

일본의 ST마크

장난감 안전성을 높이기 위해 완구업계가 1971년에 완구 안전 기준, 완구 안전마크 제도를 창설. ST 기준은 완구의 안전 기준으로, 기계적 안전성, 가연 안전성, 화학적 안전성으로 이루어졌다. ST마크는 ST 기준 적합 검사에 합격한 장난감에 부착 가능하다.

한국의 KC마크

KC마크(Korea Certification Mark)는 안전 · 보건 · 환경 · 품질 등 분야별 인증 마크를 통합해 단일화한 인증 마크다. 2015년 6월부터는 어린이가 사용하는 제품의 안전기준으로 어린이 제품 안전 특별법이 시행되었다. 만 13세 이하 어린이가 사용하는 모든 제품이 안전 관리 대상에 포함되는데, 이를 인정하는 마크가 바로 KC마크다.

제품안전정보센터(www.safetykorea.kr)에서 어린이 제품 안전 정보를 확인할 수 있는데, 최근 리콜된 제품도 검색할 수 있다.

똑똑한 엄마라면 이렇게!

☐ 플라스틱, 특히 염화비닐로 만든 장난감은 사지 않는다.

☐ 천이나 나무 같은 천연 소재로 만들고 색을 칠하지 않아 단순하고 질릴 일 없는 것을 고른다(알록달록한 색깔을 선호하는 것은 의외로 성인일지도 모른다).

☐ 만약 도료를 사용했다면 입에 넣어도 안전한 도료를 쓴 제품을 고른다.
※안전한 도료는 유럽의 '무공해 도료', '석유화학 제품은 일절 사용하지 않은 AURO 도료', '100% 식물성 기름 천연 목재 보호 도료 플래닛 컬러' 등. 염료는 자연의 풀과 나무를 이용한 천연 염색 등.

☐ 장난감을 사면 사용 전에 물수건으로 닦고, 천 제품은 비누로 빤 다음 사용하는 게 좋다.

하루 종일 입는 의류

특수 가공 장식이 붙은 아이 옷, 화학섬유나 항균 가공한 속옷을 사도 괜찮을까요? 미국에서 설립된 '국제 환경 NGO 그린피스'가 2013년 12개 유명 브랜드 아동복과 유아복[14]을 조사한 결과, 모든 브랜드에서 발암성을 띠거나 발달장애, 내분비 교란 작용이 의심되는 물질이 검출되었습니다. 또 화학섬유 의류는 아토피성 피부염을 악화시킵니다. 직접 몸에 닿는 의류는 특히 주의해서 구매합시다.

다림질이 필요 없는 형태 안정 가공 의류에는 주름이나 수축을 방지할 목적으로 포름알데히드를 사용합니다. 화려한 색채나 특수 가공 프린트는 주의할 필요가 있습니다.

보통 코튼(면)에는 재배 과정에서 대량의 농약이 사용되며, 제조 과정에서는 화학약품도 쓰입니다. '오가닉'이라 주장하는 가짜도 횡행하고 있습니다.

염료에도 주의가 필요합니다. 어린이용 파자마에서 냄새가 나서 빨았는데도 없어지지 않아 성분을 조사했더니 벤젠, 아세톤 등이 검출되었습니다.

최근 아동복에 방충 성분 '디트(디에틸톨루아미드)'와 내분비 교란 농약 '퍼메트린'이 섞인 것들이 판매되고 있습니다. 그러면 벌레뿐 아니라 입고 있는 아이까지 피부나 호흡으로 살충 성분을 흡입하게 됩니다.

12개 유명 브랜드 아동복과 유아복

전 세계 12개 브랜드, 합계 82샘플(샘플 구입 시기는 2013년 5~6월). Adidas(아디다스), American Apparel(아메리칸 어패럴), Burberry(버버리), C&A(씨앤에이), Disney(디즈니), GAP(갭), H&M(에이치앤엠), Li-ning(리닝), Nike(나이키), Primark(프리마크), Puma(푸마), Uniqlo(유니클로).

오가닉 코튼

3년간 농약과 화학비료를 사용하지 않은 토지에서 재배된 목화를 사용하고, 가공 단계에서도 화학약품 사용이 금지되어 있다. 오가닉 제품임을 인증하는 오가닉 인증 기관은 전 세계에 있으며, 엄격한 기준을 세워놓았다. 한국에서는 오가닉 섬유 제품 세계 기준을 따른다.

오가닉 섬유 제품 세계 기준(GOTS)

GOTS는 오가닉 섬유의 세계 기준. 원재료가 오가닉이고, 천의 생산 · 가공 및 보관 · 유통 전 과정에서 환경적 · 사회적 기준을 만족하는 상품을 인증한다. 'organic' 표시는 부속품을 제외한 제품의 섬유 조성 중 95% 이상이 인증된 오가닉 섬유, 혹은 그렇게 바꾸고 있음을 나타낸다.

똑똑한 엄마라면 이렇게!

- ☐ 속옷은 무형광, 무표백 면 소재로 항균 가공 등을 하지 않은 것을 입는다.
- ☐ 오가닉 제품은 공적으로 인증받았는지 확인하고 신뢰할 수 있는 상점에서 구입한다.
- ☐ 마(리넨 · 햄프 · 모시) 등의 천연 섬유는 식물 자체가 벌레를 끌어들이지 않으므로 농약을 사용하지 않아 안심되는 소재. 염색된 경우는 천연염료를 사용한 것을 고른다.
- ☐ 방충 성분이 함유된 의류는 입지 않는다.
- ☐ 가정에서 세탁할 수 있는 것을 고르고, 처음 입는 옷은 입기 전에 물로 한번 빤다.

하루에도 몇 번이나 사용하는 식기류

아이의 식기나 수저, 도시락 통은 떨어뜨려도 깨지지 않는 플라스틱 제품입니까? 플라스틱 식기류는 쓰면 쓸수록 작은 흠집이 생기는데, 뜨거운 밥이나 초절임 음식 같은 산성 식품이 닿아도 괜찮을까요?

전국 100엔 숍에서 판매하는 캐릭터가 그려진 플라스틱 식기에서 발암성이 있다고 알려진 포름알데히드와 비스페놀 A가 검출되었습니다. 이 식기는 멜라민 수지 제품으로 중국에서 수입한 것이었습니다.

멜라민은 비교적 안정적인 화학물질로 여겨지지만, 극미량이라도 녹아나긴 하므로 식기 소재로는 실격입니다. 멜라민 수지는 산에 약하므로 과일이나 초절임 등 산미가 강한 식품을 담으면 위험합니다. 지금도 병원이나 일반 식당에서 멜라민 소재 식기를 사용하고 있지만, 예전에는 학교급식 식기로도 사용했습니다.

폴리카보네이트로 만든 젖병이나 식기에서는 내분비 교란 화학물질로 의심되는 비스페놀 A가 검출되었습니다. 이 물질은 뜨거운 물이나 기름, 알코올, 식초 등에 의해 녹아내립니다.

비교적 안정성이 높은 플라스틱도 반복해서 사용하면 흠집이 생겨 첨가제가 녹아날 우려가 있습니다. 젓가락도 플라스틱이 주류인데, 아이가 깨물면 흠집이 생겨 위험합니다.

식품 보존용 랩에는 폴리염화비닐리덴을 사용한 것이 있습니다. 폴리염화비닐리덴은 염화비닐과 비슷한 부류인데, 염화비닐보다 많은 염소를 함유하고 있습니다. 식품에 씌우고 가열하면 첨가제가 녹아 나올 우려가 있으며, 쓰레기로 태우면 다이옥신이 발생합니다.

비스페놀 A(BPA)

플라스틱 제품, 특히 염화비닐(폴리염화비닐) 제품의 안정제, 산화방지제로 사용한다. 에스트로겐이라 불리는 여성호르몬과 비슷한 작용을 하는 물질로, 내분비 교란 작용이 의심된다.

스웨덴, 덴마크 등에서는 3세까지의 영 · 유아가 입에 넣을 가능성이 있는 장난감, 식기, 젖병에 엄격하게 사용을 규제하고 있다. 프랑스에서는 2015년부터 모든 식품 접촉 재료에 BPA 사용을 금지하는 법률이 채택되었다. 캐나다는 BPA를 사용한 젖병의 수입 · 판매 · 광고를 금지했다. 더불어 BPA 함유 도료를 사용한 분유 통 규제 및 공장의 배출 삭감 등에 몰두하고 있다. 유럽위원회도 식품 접촉 재료에 BPA 사용 제한을 대폭으로 강화하는 새로운 규칙을 발표했다. 2011년 이후 BPA의 젖병 사용이 금지되었는데, 새로운 규칙에서는 영아용 '뚜껑 달린 머그컵' 제조에도 BPA 사용을 금지했다. 영아나 0~3세용 식품에 쓰인 코팅재에서 BPA가 옮아 가는 것도 허락하지 않는다. 새로운 규칙은 2018년 9월 6일부터 통용되었다.

한편 일본은 후생노동성에서 BPA 노출은 가능한 한 줄이는 게 좋다고 하면서도 규제는 기업의 자율에 맡기고 있다.

한국의 경우 영 · 유아가 사용하는 모든 식품용 기구와 용기, 포장 등에 환경호르몬인 BPA 사용이 금지된다고 2018년 8월 31일 발표했다. 식품의약품안전처는 환경호르몬인 BPA를 모든 영 · 유아용 기구 및 용기 · 포장에 쓰지 못하게 하는 내용의 '기구 및 용기 · 포장의 기준 및 규격 개정안'을 행정 예고한다고 밝혔다.

개정안에 따르면, 이유식용 식기, 빨대, 컵 등 영 · 유아가 사용하는 모든 식품용 기구 및 용기 · 포장에 BPA, 디부틸프탈레이트(DBP), 벤질부틸프탈레이트(BBP) 등 환경호르몬 물질 사용이 금지된다.

똑똑한 엄마라면 이렇게!

- ☐ 플라스틱 용기는 되도록 쓰지 않고 도자기나 유리, 나무, 스테인리스 스틸 식기를 사용한다.
- ☐ 젖병은 비스페놀 A 프리 제품이나 유리 제품을 사용한다.
- ☐ 랩을 사용한다면 저밀도 폴리에틸렌 제품을 쓴다. 식품을 전자레인지에 데울 때는 내열유리나 도자기에 옮겨 담고 랩 없이 데운다. 식품을 덮는 뚜껑도 도자기 접시 등을 사용한다.

COLUMN

도자기에 쓰이는 납이 걱정된다

선명한 색에 귀여운 그림이 그려져 있는 식기. 그 식기에 납이 쓰였다는 걸 알더라도 사용하겠습니까? 본차이나 컵과 파스타 볼, 중국산 뚝배기에서 고농도 납이 녹아나 회수된 일이 있습니다.

납은 신체에 쉽게 축적되고, 미량이라도 아이의 지능이나 뇌신경에 영향을 주며, 임신부가 흡입하면 태아에게 영향을 끼치는 물질입니다. 왜 이런 유해한 납이 식기에서 검출된 것일까요. 도자기에 납을 함유한 유약을 사용하기 때문입니다. 유약으로 식기의 표면을 덮으면 산과 알칼리에 강해져 쉽게 더러워지지 않게 됩니다. 게다가 선명한 색상에 광택이 납니다. 이런 식기를 만들기 위해서는 700~800℃의 저온에서 구워야 하는데, 그러면 납 등이 완전히 봉인되지 않고 식기에 녹아납니다.

그럼 어떻게 해야 식기의 납으로부터 아이를 보호할 수 있을까요. 우선 색이 선명한 식기는 피하고, 쓰는 도중에 그림이 벗겨지거나 하는 건 사용하지 않습니다.

아이는 무엇이든 핥으므로 식기의 안쪽만이 아니라 바깥쪽의 색이나 무늬에도 주의를 기울입시다. 가능하다면 납이 없는 '백자(그림 없는 것)'나 유리 식기를 추천합니다.

피부에 직접 닿는 세제

아무리 안전한 섬유로 만든 옷을 입고 오가닉 식재료를 먹더라도 아토피성 피부염이 잘 낫지 않는 경우가 있습니다. 이는 어쩌면 합성세제 때문일 수도 있습니다. 드러그스토어 등에서 여러 가지 타입으로 판매하는 합성세제는 석유로 만들었으며, 헹궈내더라도 성분이 잔류하기 쉬운 특징이 있습니다.

1999년, 유해 화학물질을 관리하고 줄여간다는 내용의 '화학물질관리법(PRTR)'이 제정되었습니다. 이 법률에 따라 제1종 지정 화학물질로 462종류의 유해 화학물질이 지정되었습니다. 그중 합성세제에 쓰이는 합성 계면활성제가 몇 종이나 포함되어 있습니다. 가정에서 배출되는 유해물질 상위 5개 중 4개가 합성세제 성분입니다.

합성세제 성분 중 약 40%가 합성 계면활성제입니다. 강한 침투력으로 피지막을 파괴하고 피하로 들어가 세포에까지 침투해 유전자를 손상시킵니다. 그 때문에 알레르기가 생기거나 피부가 거칠어지기도 하고 선천성 질환이 늘어나며, 암에 걸릴 가능성도 높아진다고도 합니다.

또 합성세제를 쓰면 여러 번 헹궈도 흰 물이 배어납니다. 이는 염료의 일종인 형광증백제의 작용으로, 정자 파괴 및 발암성이 우려됩니다. 잘 분해되지도 않아 전국의 하천에서 검출됩니다. 형광증백제가 들어간 합성세제로 세탁한 천을 이용해 두부의 물을 짜면, 두부에 형광증백제 염료가 옮아 갑니다. 이 두부를 블랙 라이트로 비추면 천에 닿은 부분만 하얗게 떠오릅니다.

합성세제로 세탁하면 몇 번을 헹궈도 옷에 세제 성분이 남아, 옷에 닿는 피부를 통해 몸 안으로 성분이 들어갑니다. 몸이나 머리카락, 식기를 합성세제로 씻어도 똑같이 성분이 잔류합니다. 당연히 청소할 때 쓰면 마룻바닥이나 벽, 식탁에도 유해 물질이 남습니다. 최근에는 원료를 알 수 없는 '향료'를 사용한 세제 때문에 생기는 '향기 공해'도 문제가 되고 있습니다.

화학물질관리법(PRTR)

인간이나 생태계에 유해한 화학물질이 어디서 얼마나 배출되고 어디로 운반되었는지 관리하는 법률. 제1종 지정 화학물질(462종), 제2종 지정 화학물질(100종)이 있다. 1999년 공포, 2001년 시행. 2011년 현재 9종류의 합성 계면활성제가 이 법의 규제 대상이 되었다.

한국에서는 인체에 유해한 화학물질 유출 사고를 내면 해당 사업장 매출의 최대 5%에 이르는 과징금을 부과할 수 있도록 한 법이 2015년 1월 1일부터 시행되었다. 화학물질관리법에서는 유독 물질, 허가 제한 금지 물질, 사고 대비 물질 등을 유해 화학물질로 규정·관리한다.

제1종 지정 화학물질

462종이 있다. '인체 건강과 생태계에 악영향을 미칠 우려가 있음', '자연 상태에서 화학변화가 일어나기 쉽도록 유해한 화학물질을 생성함', '오존층 파괴 물질' 중 하나의 유해성 조건에 해당하고, 환경에 지속적으로 폭넓게 존재한다고 인정받은 물질이다. 이 중 인체에 발암성이 있다고 평가받는 물질은 '특정 제1종 지정 화학물질'이라 부르는데, 석면 등 15가지 물질이 지정되었다.

형광증백제 사용 규제

후생노동성 등은 '식품에 섞일 우려가 있는 것에는 사용 금지', '종이 냅킨, 종이컵, 생리용품에 사용 금지', '부엌용 행주에 사용 금지', '영 · 유아용 턱받이, 내의, 종이 기저귀 등에는 가능한 한 사용하지 않음' 등의 규제를 하고 있다.
한국의 경우 형광증백제에 대한 유해성 논란이 불거진 뒤 현행 식품위생법과 약사법 등을 통해 종이컵, 냅킨, 화장지, 일회용 기저귀, 식기, 생리용품, 화장지, 탈지면, 물티슈, 마스크 등 사람의 피부에 직접 닿을 수 있는 제품에 대해 형광증백제 사용을 엄격히 규제하고 있다.

블랙 라이트

자외선을 내는 빛. 블랙 라이트의 빛 자체는 인간의 눈에 보이지 않으나, 형광물질에 비추면 이를 흡수한 형광물질이 어둠 속에서 빛난다.

똑똑한 엄마라면 이렇게!

- ☐ **집 안 세제를 합성세제에서 비누나 알칼리제로 바꾼다.**
- ☐ **'세제는 꼭 써야 하는 것'이라는 '세뇌'에서 벗어난다.**
- ☐ **사용 후 바로 깨끗이 하기가 아니라, 더러워지면 깨끗이 하는 생활을 한다.**

합성세제와 순비누

세제는 함유된 계면활성제의 종류에 따라 크게 '합성세제'와 '비누'로 구분됩니다.

'합성세제'의 계면활성제는 석유 및 동물성, 식물성 유지에서 화학적으로 합성한 것. 합성한 계면활성제는 몇 번을 헹궈도 의류의 섬유에 붙어 떨어지지 않습니다. 분해되지 않고 남은 합성세제는 하천이나 바다의 생태계를 파괴하는 원인이 되는 한편, 수돗물로 모습을 바꿔 다시금 우리에게 돌아와 몸에 흡수된다. 또 '합성세제'에는 계면활성제 외에도 많은 첨가제가 들어갑니다. '비누'의 계면활성제는 동물성이나 식물성 유지를 알칼리와 함께 끓인 것. 세탁비누 중에는 탄산소다(탄산염)가 들어간 것도 있습니다. 순비누란 지방산나트륨 또는 지방산칼륨이 제품 전체의 98%를 차지하며, 다른 화학물질이 함유되지 않은 순수한 비누를 말합니다. 가루, 액체, 고형 등의 형태는 관계없습니다.

COLUMN

“나무 도시락 통, 멋지네”

도자기나 유리 식기는 깨지기 쉬워 아이에게는 위험하다고 생각할 수 있습니다. 그러나 ‘조심해서 다루지 않으면 망가진다’라는 사실을 알려줄 좋은 기회입니다.

나무 소재는 온기가 있고 망가지지 않아 안심하고 아이들 식기로 쓸 수 있지만, 나무 생산지(방사능 오염)나 도장에 주의를 기울여주세요.

나무 도시락 통은 나무의 습도 조절 효과 덕분에 밥이 몽글몽글해지고 천연 살균 효과도 있습니다. 식은 밥도 맛있습니다.

최근에는 귀여운 어린이용 나무 도시락 통이 판매되고 있습니다. 우리 아이가 초등학생일 때 소풍에 나무 도시락 통을 가져갔더니 같은 학년 아이가 “멋지네”라고 한 모양입니다. 보는 눈이 있지 뭐예요. 어리다고 무시할 수 없다니까요.

나무 제품은 관리하기 힘들다고요? 저는 당일에 설거지할 수 없을 때는 그대로 두었다 다음 날 순비누로 설거지합니다. 닦은 후에는 바로 행주로 닦아 말리고요. 장기간 물에 담가두지 않도록 주의하면 8년 가까이 망가지는 일 없이 사용할 수 있습니다. 우레탄 같은 것으로 도장된 제품 말고 옛날식 옻칠을 한 제품이 안심됩니다. 칠이 완전히 마르면 옻이 오를 일도 없습니다. 좋은 물건을 소중하게 오래 사용하는 경험을 아이에게 선사할 수도 있습니다.

Part 3

방충제나 살충제의 위험성

벌레라면 질색하는 사람이 적지 않을 겁니다. 벌레를 쉽게 퇴치하고, 생활 속에서 벌레를 단번에 없애는 방충제나 살충제도 많이 판매됩니다. 그런데 벌레를 간단히 죽이는 약이 사람에게는 해가 없을까요. 방충제나 살충제의 성분은 농약 성분입니다.

24시간 화학물질이 새어 나오는 의류 방충제

벽장이나 옷장, 서랍장, 히나 인형[1] 상자 등에 넣는 방충제. 옷을 정리할 때 가볍게 넣어두지는 않는지요. 방충제에는 내분비 교란 화학물질로 지적되는 '농약' 성분이 쓰입니다.

파라디클로로벤젠은 독성이 강하고 알레르기나 발암성이 우려되는 물질로, 화학물질관리법에 따르면 가정에서 배출되는 유해 물질 중 배출량이 두 번째로 많은 물질입니다. 일부 상품에서는 미량이지만 다이옥신이 검출되었습니다. 나프탈렌도 발암성이 있으며 강한 피로감, 불면 등의 증상이 나타날 때도 있습니다.

무취 타입 방충제는 합성 피레트로이드계 농약을 주성분으로 삼습니다. 내분비 교란 작용을 하는 것도 있고, 발암성도 의심됩니다. 살충제 성분에 '○○린'이라고 쓰여 있으면 거의 합성 피레트로이드입니다. 무취 방충제는 쓰고 있다는 것을 무심코 잊기 쉬우므로, 미량이라도 농약 성분이 포함되었다는 점을 알아둡시다.

어떤 방충제라도 이염은 물론, 밀폐되지 않은 서랍장이나 상자에서는

365일 24시간 내내 실내로 성분이 새어 나옵니다. 방충제 성분은 공기보다 무거워 바닥과 가까운 낮은 장소에 고이는 성질이 있으므로, 요를 깔고 자는 사람은 주의해야 합니다.

똑똑한 엄마라면 이렇게!

- □ 합성 방충제는 사용하지 않는다. 벌레 피해의 원인은 오염이나 곰팡이. 먼지나 오염을 제거하고 잘 말리면 예방할 수 있다. 마지막에 다림질을 하면 벌레 알이 붙어 있어도 열에 의해 죽는다. 밀폐 용기나 지퍼 달린 비닐봉투에 넣는 것도 좋다.
- □ 만약 방충제를 사용한다면 세탁한 뒤에 입는다. 세탁할 수 없는 경우에는 바람이 잘 통하는 곳에서 2~3일간 말려 방충 성분을 제거한다.
- □ 방충제는 천연 제품을 쓰거나 손수 만든다. 천연 편백나무나 녹나무 조각으로 블록 혹은 방충제를 만들어 사용한다. 단, 천연이라도 알레르기 반응을 보이는 경우도 있으므로 소량부터 시험해보고, 반드시 환기한다.
- □ 인형이나 의류를 두는 곳은 정기적으로 청소하고 환기한다. 벌레는 축축하고 따뜻한 곳을 선호하므로 통풍을 잘하는 것이 중요하다.

합성 피레트로이드계

국화과의 식물인 제충국에 포함된 피레트린 대신 화학합성한 것이 합성 피레트로이드다. 천연 성분보다 효과가 안정적이지만 건강에 악영향이 있으며, 특히 신경계에 미칠 영향이 우려된다. EU에서는 2000년부터 단계적 폐지에 들어갔다. ADHD를 유발할 위험성이 높다는 지적도 있다. 합성 피레트로이드계 가정용 살충제의 성분(알레트린, 레스메트린, 퍼메트린, 에토펜프록스 등)은 내분비 교란 화학물질로 의심된다.

---

(1) 일본에서 여자아이를 위한 히나마쓰리라는 축제에 사용하는 인형.

사람에게 치명적인 살충제, 모기 잡는 모기향

'벌레한테 강하고 인간에게는 순한 살충제'는 없습니다. '위에 순한 진통제'가 없는 것과 마찬가지입니다. 방충망에까지 살충제를 뿌리는 사람이 늘고 있습니다. 그러나 다수의 살충제가 피레트로이드계 살충제로 잔류성이 있으며, 내분비 교란 화학물질로 의심받고 있습니다. 스프레이식과 전기 매트식 살충제, 연막 살충제, 매달아두는 것만으로 벌레를 죽이는 증산성(휘발성) 살충제 등의 성분은 주로 유기인계 농약 및 피레트로이드계 농약이고, 날파리를 향기로 유인하는 트랩 성분은 네오니코티노이드계 농약입니다.

여름을 떠올리게 하는 모기향의 성분은 내분비 교란 화학물질인 알레트린입니다. 최근 살충 성분에 향기까지 더한 모기향이 발매되었는데, 사용해서는 안 됩니다.

국민생활센터가 바루산처럼 한번 쓰고 버리는 타입의 살충제를 사용한 뒤 실내에 살충 성분이 얼마나 남는지 검증했습니다. 그랬더니 어떤 제품이든 살충 성분은 스프레이식 살충제 1통 분량에 상당했고, 충분히 환기한 뒤에도 커튼, 벽지, 마룻바닥 등에 살충 성분이 남았습니다. 이런 타입의 살충제는 쓰기 편한 한편, 사용량을 조절할 수 없어 한 번에 대량의 살충 성분이 쓰이므로 위해 가능성에 대한 보고도 많은 제품입니다.

실내에서 쓰는 살충제는 쓸 때뿐만이 아니라 벽이나 커튼, 소파 등에 이염되어 사람의 몸 안으로 계속 들어옵니다.

미국 컬럼비아대학교 연구 팀이 〈JAMA 내과학(JAMA Internal Medicine)〉 저널에 발표한 바에 따르면 2116명의 성인을 약 15년간 추적 관찰한 결과 피레트로이드 계열 살충제에 많이 노출되면 사망 위험이 증가하는 것으로 나타났습니다.

피레트로이드 계열 살충제는 세계적으로 이용되는 살충제의 30% 정도를 차지하며, 농사와 병충해 방지에 흔히 사용되는 것은 물론 가정용 살충제나 반려견 샴푸, 모기 방충제 등에도 포함돼 있습니다.

피레트로이드는 인체에 흡수될 경우 수 시간 내에 대사되어 소변을 통해 배출됩니다. 연구 팀은 이 점을 이용해 대상자들의 소변을 검사해 일상적으로 피레트로이드에 얼마나 노출됐는지 분석했습니다.

연구 팀은 1999~2002년에 실시한 미국 국립 건강 영양 조사(National Health and Nutrition Examination Survey)에 참여한 성인 2116명의 소변검사 데이터를 수집했고, 2015년까지 이들을 추적 관찰했습니다.

그 결과 관찰 기간 동안 246명이 사망했고, 소변에서 피레트로이드 대사물이 가장 많이 검출된 사람들의 경우 적게 검출된 사람들에 비해 사망한 비율이 56%나 더 높은 것으로 나타났습니다.

또 심혈관계 질환으로 인한 사망의 경우 가장 많이 검출된 그룹의 사람들이 적게 검출된 그룹의 사람들에 비해 3배나 높았습니다.

연막 살충제

피레트로이드 등의 약제에 발연제 등을 더해 살충 성분을 확산시키는 살충제. 약제가 단기간에 강하게 확산 · 휘발되어 실내를 꽉 채워 해충을 죽인다. 좁은 틈새나 가구 뒷면까지 성분이 도달해 잔류한다.

똑똑한 엄마라면 이렇게!

☐ 살충제는 절대 쓰지 않도록 한다.

- 음식이 남으면 그 즉시 정리한다.
- 쓰레기통 뚜껑은 꼭 닫아둔다.
- 정기적으로 배수구나 싱크대에 뜨거운 물을 붓는다.
- 맥주나 청량음료의 빈 캔, 식품 패키지 등은 물로 헹구어 버린다(파리 · 바퀴벌레).
- 개미 때문에 걱정이라면 침입하는 곳을 찾아내서 막거나 개미집에 뜨거운 물을 붓는다. 침입하는 곳 부근에 새 고무줄을 잔뜩 늘어놓는다(개미는 고무 냄새를 꺼림). 식초 탄 물을 뿌리거나 식초 탄 물에 빤 걸레로 바닥을 훔친다.
- 정원의 들통이나 물뿌리개 등에 물을 담아두지 않는다(모기 방지).

☐ 허브나 감귤 계열 나무, 과일을 집 주변에 둔다.

☐ 모기장을 이용하고 천연 성분으로 만든 모기향을 쓴다. 단, 천연이라도 알레르기 반응 보고가 있으므로 과민증상에 신경 쓴다.

☐ 어떻게 해도 벌레를 쫓을 수 없다면

- 민트 잎을 찢어 식재료 주변에 놓으면 파리 방지 효과가 있다.
- 파리채를 사용한다. 예스러운 이 방법이 가장 좋다.

핸드메이드 방충제 만드는 법

은행잎에 함유된 시킴산과 깅콜릭산에는 방충 효과가 있습니다.

① 은행잎을 깨끗이 씻는다.

② 3~4일간 말린다.

③ 면이나 명주 혹은 작은 주머니에 15장 정도 담고 입구를 막는다.

④ 장롱이나 서랍장, 옷상자 등에 넣어둔다. 작은 병에 담아 옷장 구석에 놓아두어도 좋다.

※ 효과는 2년 정도 지속됩니다. 책에 책갈피처럼 끼워두면 벌레가 접근하지 않습니다. 드물게 닿으면 알레르기를 일으키는 사람이 있으므로, 걱정되는 분은 맨손으로 만지지 않도록 주의하세요.

굳이 사용할 필요 없는 벌레 퇴치제

영아는 피부가 얇고 면역력이 약하므로 모기에 물리면 심하게 붓거나, 긁다가 화농성 피부 감염 중 하나인 농가진에 걸리는 일도 있습니다. 벌레 퇴치제는 스프레이, 로션, 티슈, 패치, 휴대용 등 종류가 다양하지만, 성분은 거의 디트(디에틸톨루아미드)입니다.

디트는 미군이 정글 전투 시 해충으로부터 병사를 지키기 위해 개발한 화학물질입니다. 주로 중추신경에 작용해 경련, 망상, 알레르기, 발암성, 유전독성(유전자에 장애를 일으키는 성질) 등을 일으킨다고 보고되었습니다. 따라서 미국이나 캐나다에서는 사용을 엄격하게 규제하고 있습니다.

일본에서는 2005년 후생노동성이 사용상의 주의를 발표했습니다[9]. 세부적인 사용 규제는 현실적이지 않았습니다.

디트 이외의 벌레 퇴치제 성분으로는 합성 피레트로이드가 일반적입니다. 유칼립투스 에센셜 오일처럼 벌레가 싫어하는 허브를 배합한 제품도 있지만, 합성향료나 파라벤 등의 첨가물이 들어간 것도 있으므로 주의를 기울여야 합니다.

천연 허브라도 알레르기 발생이 보고된 바 있습니다. 또 패치형 벌레 퇴치제 때문에 건강이 나빠진 사람도 있습니다.

특수한 병이 없는 한, 아이는 벌레에 물려가며 면역력을 기르고 건강하게 자랍니다. 안이하게 벌레 퇴치제에 의지하지 말고 아이의 성장을 지켜봅시다. 1세 미만의 아기는 벌레 퇴치제가 필요한 장소나 시간대에는 데리고 나가지 맙시다.

후생노동성이 발표한 디트 사용상의 주의 사항

후생노동성 의약식품국 안전 대책과는 디트의 일반용 의약품에 대해 아래와 같이 권고했다.

- 만연한 사용을 피하고, 모기나 먹파리 등이 많은 야외에서 사용하는 등 필요한 장소에서만 사용할 것.
- 소아(12세 미만)에게 사용할 경우, 보호자의 지도 감독하에 다음의 횟수를 기준으로 사용할 것. 또 얼굴에는 사용하지 말 것.
- 6개월 미만의 영아에게는 사용하지 않음. 6개월 이상 2세 미만은 1일 1회. 2세 이상 12세 미만은 1일 1~3회.
- 눈에 넣거나, 먹거나, 핥거나, 흡입하지 말고 도포한 손으로 눈을 비비지 말 것. 만약 눈에 들어갔을 경우 즉시 다량의 물이나 따뜻한 물로 잘 씻어낼 것. 상태가 나빠지는 등의 증상이 나타나면 즉시 해당 제품에 에탄올과 디트가 함유되었음을 의사에게 알리고 진찰을 받을 것.

한국의 경우 현재 식품의약품안전처가 모기 기피 효과가 있는 성분으로 인정한 것은 다음 네 가지다.
'디에틸톨루아미드(DEET, 디트)', '파라멘탄-3,8-디올(PMD)', '이카리딘', '에틸부틸아세틸아미노프로피오네이트(IR3535)' 성분. 이들 성분은 공통적으로 생후 6개월 미만 아기에게는 사용하면 안 되며, 가장 흔하게 사용되는 디트 성분의 경우는 만 6개월~2세 미만은 1일 1회, 만 2~12세 미만은 1일 1~3회 소량 사용해야 한다.

똑똑한 엄마라면 이렇게!

- □ 천연 성분으로 만든 안전한 벌레 퇴치 스프레이를 고르거나 손수 만든다.
- □ 모기는 사람의 체온이나 땀, 뱉어내는 이산화탄소에 모여든다. 아침 5~7시, 저녁 17~19시경에 활발하게 활동하므로 이 시간대 외출에는 각별히 신경 쓴다.
- □ 산이나 바다에 놀러 갈 때는 긴팔, 긴바지, 모자를 착용하고 흰빛을 띠는 옷을 입을 것.
- □ 벌은 향료의 향기에 모여드니, 합성세제나 유연제, 샴푸, 린스, 헤어 컨디셔너 등의 향기를 몸에 묻히지 않는다. 또 젖은 타월을 가지고 다니면서 땀이 날 때마다 부지런히 닦는다.

COLUMN

농약 모기장, 아프리카 어린이가 위험!

유니세프가 '말라리아로부터 아프리카 어린이들을 구하자'라며, 농약 퍼메트린을 혼합한 모기장 '올리셋'을 대량으로 아프리카에 보냈습니다. 아이들과 임신부를 말라리아로부터 보호하는 것이 목적인 듯합니다. '올리셋'은 스미토모화학이 개발했습니다. 보급이라는 형태로 일본 정부개발원조(ODA)와 일본국제협력기구(JICA), 세계보건기구(WHO)도 관련되어 있습니다.

이 모기장의 그물망은 일부러 모기가 통과할 수 있을 만큼 크게 만들었습니다. 그물망에는 농약이 혼합되어 있어, 모기가 이를 통과하면서 농약에 닿아 죽게끔 되어 있습니다. 스미토모화학은 자사의 농약을 사용하기 위해 일부러 이런 모기장을 만든 것입니다.

모기장에 사용된 퍼메트린은 합성 피레트로이드로, 천연 제충국과 성분이 비슷합니다. 퍼메트린은 환경성이 지정한 '환경호르몬으로 의심되는 화학물질' 리스트에 있으며, 발암성이 있고 아이의 뇌에 영향을 미친다고 지적되었습니다.
이 모기장의 사용 시 주의 사항에는 '핥거나 하지 말 것. 닿으면 손을 씻을 것!'이라고 쓰여 있습니다. 모기장은 손으로 걷어 올리고 안으로 들어가는 제품입니다. 안에 들어간 아이가 모기장에 닿지 않은 채로 있을 수 있을까요? 대체 언제 손을 씻는 걸까요.
일본 유니세프 협회 홈페이지에는 '유니세프는 살충제가 든 모기장의 세계 최대 조달처이고, 이러한 모기장은 임신부나 유아에게도 배포되었습니다'라고 나와 있습니다. 더욱 놀라운 점은, 도쿄 유니세프 부스에서는 이 모기장 옆에 '모기장에 닿은 사람은 손을 닦아주세요'라며 물티슈를 비치해두었다는 것입니다.
사실은 이미 일본 NPO '서파=서아프리카 사람들을 지원하는 모임'이 살충제를 사용하지 않은 기니(Guinea)산 모기장을 현지에서 조달해 말라리아 유병률을 대폭으로 낮추고 있습니다. 이 모기장은 물론 그물망이 촘촘해 모기가 통과하지 못하는 보통의 모기장입니다.

말라리아
학질모기를 매개로 걸리는 병. 아프리카 등에서 연간 약 200만 명의 어린이가 희생됨.

농약 모기장 올리셋
살충 성분이 차츰 배어 나오므로 씻어도 5년간은 효력이 지속된다. 스미토모화학에서는 인도적 지원이라는 이름 아래 '농약 모기장' 제조 공장을 나이지리아에 신설 예정.

ODA(정부개발원조)
선진국이 개발도상국을 위해 행하는 금전적·기술적 원조. 국가가 무상 원조를 직접 행하는 것과 유니세프 등의 국제기관이 간접적으로 융자하는 것이 있다. 일본은 세계 제2위의 액수를 공적 자금에서 출자하고 있으나, 무상원조의 비율이 낮아 자국의 국익을 우선시한다는 비판이 있다.

일본국제협력기구(JICA)
일본 ODA 실천 기관 중 하나.

서파=서아프리카 사람들을 지원하는 모임
공적 자금에 의존하지 않고 물품 판매 등으로 아프리카기니와 주변국 기니비사우공화국에서 빈곤 해소를 위해 활동한다. 일본 국내에서는 주로 서아프리카 문화 소개와 현지 활동을 지지하기 위한 기금 모금 등을 한다. 2015년 2월 해산.

Part 4

일상 속 걱정되는 향기

'향기 붐'이 일고 있습니다. 방향제는 물론 합성세제나 유연제, 입욕제, 마스크, 꽃에 쓰는 비료까지 향기가 첨가되어 있습니다. 일반적으로 사용하는 향료 중 천연향료는 5%뿐입니다. 나머지 95%는 석유를 원료로 한 합성향료로, 그 수가 5000가지 이상입니다. 이런 향기 때문에 건강이 나빠지는 사람도 있습니다.

세정제에 의한 향기—세제, 유연제, 스킨케어용품

전국의 주부 800명을 대상으로 유연제에 무엇을 요구하는지 물은 설문 조사 결과에 따르면 1위는 '향기'였습니다. 그 향기에서 '자기만족'과 '위안'을 찾는 듯했습니다. 부드러운 마무리와 촉감보다도 향기가 우선입니다. 그러나 유연제나 세제 등에 쓰이는 향료는 어떤 원료를 사용하든 모두 '향료'로만 표시됩니다.

옛날에는 '잔향'이나 '여운' 등으로 불리는 어렴풋한 향이 대부분이었습니다. 이런 향기는 살짝 위험한 어른의 문화를 자아내기도 했지요. 그러나 현대의 향료는 향기 레벨을 훌쩍 뛰어넘어 다른 의미로 매우 위험합니다.

유연제는 물로 헹궈내도 잔류하는 특징이 있습니다. 따라서 피부 점막에 자극을 주는데, 독성과 자극성이 세제의 10~50배 이상이라 합니다. 더구나 합성향료에는 내분비 교란 작용을 하는 것도 있고, 발암성이 있으며, 면역계나 생식기 등에 영향을 준다는 지적도 있습니다.

요즘은 땀이나 움직임에 반응해 향기를 발산하거나 세탁해도 향기가 3

개월 동안 사라지지 않는 등, 향기가 첨가된 유연제의 강도가 점차 높아지고 있습니다. 최근에는 '세탁기에 넣는 향수'라는 캐치프레이즈 아래 향기만을 목적으로 한 상품까지 나오기 시작했습니다. 이런 제품에는 이소시아네이트라는 맹독 물질이 사용되고 있다고 시민 단체가 발표했습니다.

향료는 콧속 깊은 곳에서 후각세포를 자극하고 뇌신경에 전달되어 '냄새'로 느껴집니다. 또 호흡을 통해 폐에 닿고, 거기서 혈류를 타고 전신으로 운반되거나, 피부에서 모세혈관을 통해 전신으로 운반됩니다. 따라서 향료 제품 사용량에 비례해 혈중 농도 또한 높아집니다.

임신 중 배 속에 있는 아기는 냄새를 느낄 수 있을까요? 태아는 임신 28주 정도부터 양수의 냄새를 분간할 수 있다고 합니다. 생후 1일에는 모유의 냄새를 맡고 6개월 정도에는 어머니의 냄새도 판별할 수 있습니다. 어머니가 향료 제품을 계속 사용하면 임신 중 태반을 통과해 태아에게 전달됩니다. 모유에서도 향 성분이 검출된다고 합니다. 아기는 태어나기 전부터 인공향에 노출되는 셈입니다.

인간의 후각은 위험으로부터 몸을 보호하기 위해 일찍부터 발달되는 기관입니다. 사람이 냄새를 느끼는 시간은 대략 15분. 그 뒤에는 차츰 냄새를 느끼지 못하게 되어 자신의 향기가 어느 정도인지, 어디까지 감도는지 알 수 없게 됩니다. 본인이 좋아하는 향기가 타인의 건강을 악화시킬 수 있는데, 스스로는 전혀 눈치채지 못하는 것입니다. 어린이는 화학물질에 더 쉽게 영향을 받습니다. 그러므로 향료 제품을 써서는 안 됩니다. 보육원과 학교에서는 교실에 가득 찬 유연제 등의 향에 고통을 호소하는 아이가 늘고 있습니다.

유연제

유연제에는 합성 계면활성제, 안트라닐산메틸, 디하이드록시디메틸안식향산메틸, 합성 머스크, 합성향료 등 여러 종류의 화학물질이 사용된다. 유연제는 의류에 성분을 남겨두는 것이 목적이다. 따라서 피부에 직접 닿는 것에는 한층 주의를 기울여야 한다. 옷을 입고 있는 동안 휘발성 성분을 호흡으로 계속 들이마시게 되므로 위험하다.

이소시아네이트

소파나 쿠션, 구두창이나 가방 등 실생활에 자주 쓰이는 폴리우레탄 제품과 도로나 건축에 쓰이는 아스팔트 및 콘크리트, 도료 및 접착제로도 쓰이고, 가구, 전기 기구, 의료 · 간호용품, 건축 자재 등 다양한 분야 제품에 사용된다. 더불어 유연제 등의 향기를 가두는 아로마 캡슐 등으로도 사용된다는 점이 밝혀졌다. 일반적인 화학물질과 달리 냄새가 느껴지지 않는 극히 연한 농도에서도 눈, 피부, 호흡기 증상이 나타난다.

똑똑한 엄마라면 이렇게!

- ☐ 향기 첨가 제품은 사용하지 않는다.
- ☐ 적어도 임신 중과 육아 중에는 사용하지 않는다.
- ☐ 향료 제품을 쓰는 습관이 있는 사람은 과잉 사용에 주의한다.
- ☐ 합성향료의 위험성을 아이에게도 알린다.

멜버른대학의 앤 스타인만 교수 연구진은 지난 10년간 미국인(성인) 중 화학물질에 과민한 사람이 2배 이상, 화학물질과민증(MCS)으로 진단받은 사람이 3배 이상 증가한 사실을 발견했습니다. MCS인 사람 중 71%는 천식이 있었고, 86.2%는 소취 스프레이, 향료가 든 세탁용품, 세정제, 향기 첨가 제품, 향초, 향수 및 몸에 쓰는 화장품처럼 향료가 든 제품에서 건강상 영향을 받았다고 밝혔습니다(〈사이언스데일리(ScienceDaily)〉 2018년 3월 14일).

초등학교 고학년 정도 되면 아이가 직접 향기를 고르거나 원하기 시작합니다. 향이 첨가된 세제나 지우개 등의 문구를 고를 때 친구가 쓰는 것과 동일한 향이 나는 제품을 쓰고 싶어 하지요. 그러나 향료 때문에 괴로워하는 친구도 있다는 걸 잘 말해주세요.

데오도란트의 향기-
스프레이, 롤온, 닦아내는 타입

도시에 사는 남녀 600명을 대상으로 설문 조사를 실시한 결과, '사무실에서 타인의 냄새가 신경 쓰인다'라고 답한 사람이 약 88%이고, 다른 조사에서는 '자신의 냄새가 신경 쓰인다'라는 답이 약 98%였습니다. 실제로 타인이 불쾌하다고 느낄 정도의 체취가 있는 사람은 전체의 10%도 되지 않는다고 하는데, 드러그스토어에는 갖가지 데오도란트가 즐비합니다. 당신도 타인이나 자신의 체취가 신경 쓰입니까?

체취의 원인이라 여겨지는 땀은 사실 거의 냄새가 나지 않습니다. 냄새의 원인은 오염과 땀 속 수분을 먹이 삼아 증식하는 세균입니다. 사람은 하루 종일 방 안에서 뒹굴기만 해도 약 500cc 이상의 땀을 흘립니다. 이 땀은 피부를 건조하지 않게 해주는 역할을 합니다. 그럼에도 체취를 나쁜 것으로 치부하는 광고 때문에 땀을 억제하는 데오도란트를 사용하는 사람이 줄을 잇습니다.

데오도란트는 모공을 막아 몸 안의 노폐물이 배출되기 어렵게 합니다. 주성분은 알루미늄염인데, 피부에 흡수되는 속도가 빠르고 체내에 잔류합니다. 자극성이 있고, 신경독성 및 에스트로겐과 닮은 작용을 하며, 유방암 발병 위험성을 높인다고 지적받습니다.

알루미늄 프리 제품이라고 안심할 수는 없습니다. 발암성이 있는 항균제 및 보존료인 파라벤, 합성향료 등이 들어가 있기 때문입니다. 영국의 레딩대학에서는 2004년 20인의 유방암 환자에게서 적출한 모든 종양에서 파라벤이 검출되었다고 보고했습니다.

사실 체취는 종의 보존에 무척 중요한 역할을 합니다. 남성이 페로몬을 배출하면 여성이 무의식중에 그 냄새를 맡고 자신에게 잘 맞는 유전자를 지닌(질병에 강한 아이를 만들 수 있는) 상대를 고른다고 합니다. 그러므로 가벼운 체취를 없애거나 바꾸려 들어서는 안 됩니다.

에스트로겐
여성호르몬 중 하나로, 여성의 신체 기능과 건강에 중요한 역할을 하는 호르몬.

파라벤
보존료. 정식 명칭은 파라옥신안식향산에스테르. 에너지 음료부터 샴푸까지 광범위하게 사용되고 있다. 내분비 교란 작용이 있다고 알려졌으며, 유럽의 환경운동 단체는 사용 금지를 요구하고 있다. 가장 많이 이용되는 파라벤은 메틸파라벤, 프로필파라벤, 부틸파라벤. 특히 프로필파라벤, 부틸파라벤은 위험도가 높다.

똑똑한 엄마라면 이렇게!

☐ 좋은 땀[(1)]을 흘리기 위해서는 적극적으로 땀을 내고, 한선[(2)]을 단련한다.
☐ 땀을 흘리면 샤워를 하거나 몸을 닦아내고 즉시 속옷을 갈아입는다.
☐ 겨드랑이 땀에는 냄새 제거용 패드를 이용한다.
☐ 직접 만든 세스퀴소다수를 활용한다(193페이지).

좋은 땀을 흘리기 위해 육류나 지방 섭취를 조금 줄이고, 채소나 과일로 비타민 C · E, 식이 섬유를 충분히 섭취합시다. 스트레스가 쌓이지 않도록 하고, 적당한 운동을 하는 것도 중요합니다.

---

(1) 저자가 사용한 의미는 '악취가 나지 않는 땀'이다.
(2) 땀을 만들어 몸 밖으로 내보내는 외분비샘.

안전하지만은 않은 식물 에센셜 오일, 아로마 오일

'아로마 오일이니 괜찮아'라고 생각하는 사람도 많을 겁니다. '에센셜 오일'이나 '아로마 오일'은 천연이라는 이미지가 있지만, 안타깝게도 시판되는 오일은 거의 대부분이 합성향료를 사용합니다.
우리가 보통 '아로마'라고 부르는 것은 성분에 따라 크게 에센셜 오일과 아로마 오일로 나뉩니다. 에센셜 오일(정유)은 식물의 꽃, 줄기, 뿌리, 껍질 등에서 추출한 100% 천연의 향기 나는 액체입니다. 반면 아로마 오일은 정유를 알코올이나 용제, 합성향료 등으로 연하게 만든 것이라고 합니다. 그러나 명확한 정의는 존재하지 않으며, 제조 방법에도 통일적인 규격이 없습니다.
예를 들어 장미의 에센셜 오일 1kg을 만들기 위해서는 5톤의 꽃이 필요합니다. 이러한 에센셜 오일은 매우 희귀한 것이라 적정 가격을 매기자면 고가일 수밖에 없습니다. 가격이 너무 비싸면 팔리지 않으므로, 에센셜 오일에 물을 타거나 합성향료를 섞어서 판매하는 일이 많습니다. 한편 오가닉 등급의 오일이라도 잔류 농약을 확인하기는 어렵다고 합니다. 따라서 에센셜 오일 또한 반드시 안전하다고는 할 수 없습니다. 더구나 오일은 잡화로 취급되므로 안전 데이터 시트 작성도 의무가 아닙니다. 최근 공항이나 호텔, 도서관 등에서 향기 서비스라며 자동적으로 '아로마'를 뿌리기도 합니다. 불특정 다수, 특히 아이가 모이는 장소에서 강제적으로 흡입되는 향기는 위험하지 않은 걸까요.

아로마 붐 때문에 향료 알레르기나 천식을 앓는 사람이 늘고 있습니다. 아로마 테라피스트의 피부염도 직업병으로 보고되기 시작했으며, 세계적으로 아로마 오일과 에센셜 오일의 안전성을 재검토하고 있습니다. 더불어 향기 붐 때문에 원료 식물의 남획이나 플랜테이션에 따른 환경 파괴 또한 일어나고 있습니다. 당신이 좋아하는 향기가 개발도상국의 자연을 파괴하고 있을지도 모릅니다.

안전 데이터 시트
유해성 위험이 있는 화학물질을 포함한 제품을 양도 또는 제공할 경우 반드시 표시해야 하는 정보 문서.

똑똑한 엄마라면 이렇게!

- ☐ 에센셜 오일을 사용할 경우, 신뢰할 수 있는 상점에서 재배 및 제조 방법 등을 확인하고 자체적으로 안전 데이터를 공표한 것을 고른다.
- ☐ 마사지를 받을 때는 자격을 갖춘 아로마 테라피스트에게 오가닉 등 안전성이 높은 에센셜 오일을 사용하는지 확인한다.
- ☐ 공적 기관이나 불특정 다수가 드나드는 장소의 향기 서비스, 특히 도서관이나 학원 등 어린이가 모이는 장소에서의 사용은 금하라고 요청한다. 또 '안전 데이터 시트' 표시를 요구한다.

□ '천연 아로마 배합'이라 기재된 세제나 샴푸, 화장품 종류 중 원료의 안전성 이 불확실 것은 피한다.

□ 임신부나 아이가 있는 가정에서는 사용하지 않는다.

□ 에센셜 오일은 반드시 연하게 해서 사용한다.

COLUMN

호텔이나 여관, 레스토랑의 방향제를 체크!

가족과 함께 여관에 숙박했을 때 겪은 일입니다. 여관에 도착하자마자 아들이 콧물을 흘리고 기침을 했습니다. 살펴보니 방 바깥에 있는 화장실에 방향제가 여러 개 놓여 있었습니다. 화장실을 여닫을 때마다 그 냄새가 복도에서 방 한가운데까지 흘러들었습니다. 곧바로 방향제를 치워달라고 부탁했지만, 증상은 집에 돌아와서도 계속되었습니다.

홋카이도의 온천 거리에 있는 5성급 호텔을 예약할 때 담당자는 이렇게 말했습니다. "고객님이 돌아가신 다음에는 반드시 페브리즈를 사용하고 있습니다"라고요. 또 유명 리조트 지역에서 매년 민박업자가 모이는 회의의 가장 중요한 안건은 '화장실의 방향제를 어떤 것으로 할까'라고 합니다. 물론 악의 없이 '선물'의 일환이라 생각하는 것이겠지요. 지금까지는 호텔이나 여관을 예약할 때 사전에 방향제 유무를 확인하고, 사용한다고 대답한 시설에는 제거 및 환기, 실내를 물수건으로 닦아줄 것을 당부했습니다. 그뿐만 아니라 객실 비치품은 어떻게 할지, 비치된 비누는 괜찮은지, 배스 로브나 타월은 합성세제로 세탁하고 있는데 괜찮은지 등을 물어봅니다.

여러분이 숙박 시설에 묵을 때는 설문용지에 '합성 샴푸나 린스, 화장품 종류는 필요 없습니다', '욕실에는 순비누를 비치해주기 바랍니다', '소취제는 필요 없습니다. 청소는 물걸레로 하고 창을 열어 환기해주세요'라고 써주십시오. 이러한 작은 일이 쌓이고 쌓이면 공기 오염이 경감되어 '안심하고 묵을 수 있는 숙박 시설'로 바뀌어갈 것입니다.

홋카이도 오타루의 온천지에 있는 호텔에서는 '향수를 사용하시는 분은 방에 향이 남지 않도록 부탁드립니다'라고 쓰인 보드가 객실에 놓여 있습니다.

도쿄의 최고급 호텔에서는 방향제는 물론 직원의 향수 사용이 일절 금지되어 있습니다.

레스토랑 등의 식사를 제공하는 시설에서 방향제를 사용한다면, 그곳은 맛이 의심스러운 곳이라 할 수 있습니다. 셰프는 코가 생명이기 때문입니다.

그냥 두면 위험한 실내용 향기-
방향제, 소취제

손님이 묵을 방에서 좋은 향기가 나야 한다거나 화장실이나 차에 방향제나 소취제를 놓아둬야 한다고 생각하고 있진 않나요? 정말로 필요할까요? "아들 방에서 악취가 나", "불고기 냄새가 빠지질 않네"라고 신경 쓰고 있습니까? 어쩌면 기업의 광고 전략에 넘어간 것인지도 모릅니다.

1 | 방향제

방향제에는 합성향료, 합성 계면활성제, 살균제, 포름알데히드, 알코올, 파라디클로로벤젠 등이 사용됩니다. 2012년 요코하마도립대학의 실험에서는 변기 세정제 토일렛 볼을 달았더니 성분 중 파라디클로로벤젠이 집 밖 80m까지 퍼졌다는 놀라운 결과가 나왔습니다.

놓아두는 형태의 방향 · 소취제 조사에서는 많은 상품이 실내 공기 오염 기준치를 초과했는데, 향이 들어간 제품일수록 오염이 강하다는 결과가 도출되었습니다. 미국 국립위생연구소에서는 방향제가 간 기능을 저하시킨다고 경고하고 있습니다. 좁은 차내에 방향제를 두면 차내 온도가 올라갈 때 유해 물질도 대량으로 휘발됩니다. 새집증후군이 아닌 새차증후군 상태가 되는 것입니다. 배기가스에서까지 방향제의 향기가 나고, 타고 있는 사람에게도 향기가 이염됩니다.

2 | 소취제

향이 나지 않는 소취제라면 안심일까요? 2001년 국민생활센터는 6첩 다다미방[1]에서 소취제를 사용하는 테스트를 실시했습니다. 그 결과 5개의 유명 브랜드 중 4개의 브랜드가 기준치를 초과했습니다. 환기를 하지 않으면 30분 경과 후에도 실내 공기 오염이 기준치를 초과했습니다.
1999년 미국 버몬트주 앤더슨연구소의 실험쥐 연구에서는 고형 소취제가 쥐의 호흡곤란을 발생시켰다고 보고되었습니다.
페브리즈 등의 스프레이형 소취제는 분무할 때 들이마시게 되거나 피부에 묻지만, 잡화품이라는 이유로 성분표시 의무가 없습니다. 게다가 페브리즈의 살균 성분[2] 쿼트(Quat)는 사차 암모늄 화합물(염화벤잘코늄)로 추측됩니다. 이 물질은 병원에서 쓰는 소독약으로, 피부나 점막에 자극을 주며 알레르기의 원인이 됩니다. 사차 암모늄 화합물을 사용한 쥐 연구에서, 암컷은 번식 적령 기간에도 배란이 감소했고 발정 시간이 짧아졌으며, 수컷은 정자 밀도가 낮아지고 난자를 향한 정자의 운동성도 낮아져 임신이 어려워졌다는 결과가 나왔습니다.

---

(1) 약 $10m^2$ 크기의 방.
(2) 찻잎을 센 불로 볶아 만든 일본 전통차.

토일렛 볼

노란색이나 빨간색 공 형태의 변기 소취제. 특유의 자극적인 냄새가 나는데 그 냄새로 변기의 악취를 방지(은폐)한다. 발암성이 있으며, 독일에서는 화장실에서의 사용이 금지되었다. 한국의 경우 따로 관련 법령은 없다.

페브리즈의 살균 성분

성분의 정보 공개를 요구해도 '대외비'라며 비공개. 사용한 시민에게서는 목 통증, 가려움증, 기침, 목의 이물감, 두통, 실내견의 경련 등의 보고가 있다.

똑똑한 엄마라면 이렇게!

- ☐ 방향제, 소취제는 사용하지 않는다. 대신 창을 열어 환기한다.
- ☐ 바지런히 청소하고 세탁해 냄새의 원인을 없앤다.
- ☐ 소취제나 방향제를 뿌렸다면 창을 열어 환기한다. 소취제가 묻은 부분은 물로 닦아낸다. 아이가 접촉할 만한 장소나 장난감에는 사용하지 않는다.
- ☐ 숙박 시설을 예약할 때는 '방향·소취제를 사용하지 말 것'을 요청한다.
- ☐ 향기를 원하는 사람은 손수 만든 무농약 포푸리나 커피 가루 등을 이용한다.
- ☐ 병에 베이킹소다를 담고 뚜껑을 닫지 않은 채 찬장이나 신발장에 두면 소취가 가능하다.

특히 밀폐성이 높은 건물은 화학물질이 잘 배출되지 않으므로 환기를 충분히 해야 합니다. 소취나 방향 때문에 향을 피우는 사람도 있습니다. 그러나 일반적인 향에는 접착제나 증량제, 합성향료나 착색제 등이 사용됩니다. 원재료의 원산지에 따라서는 방사성 물질이 휘발되기도 합니다. 그리고 양초는 정제가 불충분할 경우 유해 물질이 발산되므로, 밀랍이나 대두 유래의 고급 양초를 고르는 것이 좋습니다. 향로에 호지차[2]를 놓고 태우면 향기로운 녹차 향기를 즐길 수 있습니다.

COLUMN

의류 소취 스프레이는 효과가 있을까?

코트나 양복처럼 바로 세탁할 수 없는 것에 담배나 음식 냄새가 배면 어떻게 하나요?
에프시지종합연구소 생활과학연구실의 스태프가 주변에서 흔히 볼 수 있는 물품을 이용해 의류에 밴 냄새를 얼마나 잡을 수 있는지 실험해보았습니다.
시험한 것은 담배 냄새로, 준비한 소취 물품은 ①다리미 스팀(강·약), ②분무기의 물, ③소취 스프레이 ④드라이어(온풍), ⑤드라이어(냉풍), 다섯 종류였습니다.
그렇다면 결과는? 소취 효과가 가장 좋은 것은 ①다리미 스팀(강)으로, 수차례 사용 횟수를 늘리며 효과가 높아졌습니다. 다리미 스팀은 냄새 원인 물질을 물방울로 빨아들인 다음 날려버리는 것으로 냄새를 제거한 듯합니다. 그러나 그 이외의 물품에서는 큰 차이가 없었습니다. ④와 ⑤의 드라이어는 바람으로 냄새를 날려버리는 걸로 탈취하는데, 온풍과 냉풍에 차이가 없었습니다. ②의 분무기의 물은 담배 냄새와 소취제 성분이 섞인 냄새가 남았습니다. 게다가 30분 뒤에는 ③의 소취 스프레이를 제외하고는 모두 냄새가 약해졌다고 합니다.
어떻습니까. 젊은 어머니들을 대상으로 한 강연회에서는 약 8할의 사람들이 소취제를 사용한 경험이 있다고 했습니다. 저는 소취제의 효과보다는 텔레비전 광고 효과에 매번 놀랍니다.
의류에 밴 냄새는 다리미 스팀을 대지 않아도, 소취 스프레이를 뿌리지 않아도, 현관이나 사용하지 않는 방에 걸어두고(밖이면 더 좋음) 가볍게 털어내는 것만으로 자연스럽게 없어집니다. 그리고 연달아 같은 옷을 입지 않으면 됩니다.
효과도 없는 소취 스프레이를 돈 내고 사다니, 심지어 그것이 인체에 악영향까지 미친다니, 큰 손해라는 생각이 들지 않나요?

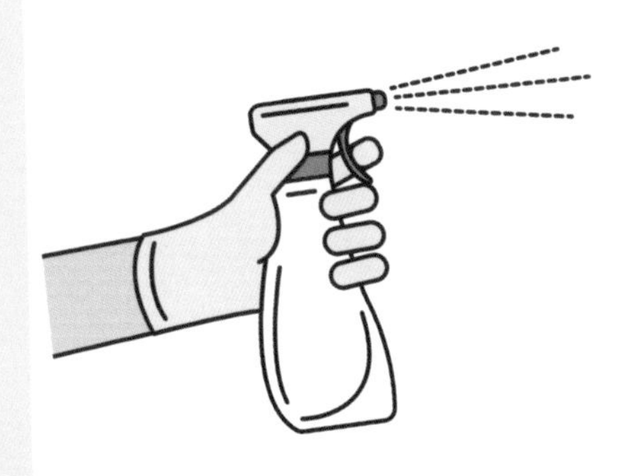

피부에 직접 닿는 화장품의 향기-화장품, 향수, 매니큐어

중국 여행 선물로 장미 향이 나는 크림을 받은 적이 있습니다. 그런데 사용하는 동안 변화가 일어났습니다. 제 피부가 아니라 아들에게서 말입니다. 그 크림을 바르고 함께 잠자리에 들면 아들이 꼭 천식 발작을 일으켰습니다. 피부에 직접 닿는 화장품 종류는 모세혈관으로 흡수되어 몸 전체를 돌아다닙니다. 아들이 저를 구해준 것인지도 모릅니다.

2010년 10월 베이징시 질병예방억제센터 발표에 따르면 화장품, 향수, 샴푸나 린스 중에는 내분비 교란 작용이 지적된 프탈산에스테르가 검출되는 것도 있습니다. 동물실험에서 생식계 영향, 불임, 알레르기 및 발암성까지 지적된 화학물질입니다.

프탈산에스테르는 주로 플라스틱을 부드럽게 만들기 위한 첨가제로 사용됩니다. 스킨케어 제품에도 사용되는데, 향수에서는 90% 이상, 스킨케어용품에서는 47%, 샴푸 · 린스에서는 30% 검출되고 있습니다. 화장품에 쓰일 땐 향기를 오래 간직하게 하는 역할을 하고, 매니큐어 등에는 경도 조정제로 첨가됩니다. 그러나 상품의 라벨에는 정확한 이름 대신

'향료'로만 쓰인 경우가 대부분입니다.

매니큐어 첨가제 중 최근 문제가 된 것 역시 내분비 교란 작용이 지적된 인산트리페닐입니다. 2015년 미국의 비영리 환경 단체 EWG는 이 성분이 손톱으로 흡수되면 24시간 이내에 체내 농도가 7배까지 오른다고 발표했습니다.

인산트리페닐은 가구 등의 우레탄 폼에도 사용되므로, 당연히 집 안의 먼지에도 함유되어 있습니다. 그러나 여성이 남성보다 2배 높게 검출된 것으로 볼 때, 매니큐어 등 화장품 종류에서 흡수되었을 것이라 의심되고 있습니다.

매니큐어의 인산트리페닐

별명은 트리페닐. 매니큐어에는 바르기 쉽고 잘 벗겨지지 않게 하려고 사용. 미국에서 소변의 대사물 농도를 측정한 결과 성인의 95%, 어린이의 100%에서 검출(2015년). 일본에서 판매 중인 매니큐어 브랜드 레브론, 메이블린 뉴욕 등에도 함유.

똑똑한 엄마라면 이렇게!

- ☐ 성분표시를 확인하고 되도록 성분 수가 적은 화장품을 고른다.
  - 향료가 들어갔다면 표기에는 없더라도 프탈산이 사용되었을 확률이 높으므로 무향료 제품을 고른다.
- ☐ 화장품은 가짓수를 최대한 줄인다.
- ☐ '노 메이크업'의 날을 만든다.
- ☐ 매니큐어나 인공 손톱 부착, 네일 아트 등은 피한다.

분해되지 않고 쌓이는 합성향료

대표적인 합성향료 중 하나인 '합성 머스크(사향)'는 내분비 교란 작용이 지적된 화학물질입니다. EU는 REACH[9]에 의거해 제조·사용 규제를 시작했습니다. 일본은 업계에서 일부를 자율 규제하고 있으나, 아직도 많은 퍼스널 케어 상품[1]에 사용되고 있습니다. 가정의 배수구를 통해 흘러나가고 있는 것입니다.

천연 머스크는 히말라야 등지에 서식하는 사향노루 배 속에서 채취하는 향료입니다. 그러나 사향 채취로 남획된 사향노루가 멸종 위기에 처해, 현재는 워싱턴 조약에 따라 상업 목적의 거래가 금지되었습니다. 현재 전 세계에서 사용되는 머스크는 거의 대부분이 합성 머스크입니다.

합성 머스크는 아리아케해[2]와 야쓰시로해[3]에 서식하는 거의 모든 해양 생물에서 검출됩니다. 돌고래 오염은 1980년대 중반부터 증가했고 지금도 오염이 진행 중입니다.

합성 머스크는 간단히 분해되지 않으며 생물에 쉽게 축적됩니다. 사람의 모유나 지방에 축적되어 호르몬 작용을 약화한다고 보고되었습니다.

오염은 바다뿐만이 아닙니다. 농지에서 사용하는 비료에서도 고농도의 합성향료가 발견됩니다. 이는 퍼스널 케어 제품에 함유된 향료가 가정의 배수구를 통해 하수처리장으로 흘러 들어갔다가 미처 다 제거되지 않은 채 진흙에 섞여 비료 공장으로 보내지기 때문입니다. 진흙에 섞인 합성향료가 비료를 만드는 과정에서도 제거되지 않은 채 남은 것입니다.

2011년 가나가와현이 일본 내에서 판매 중인 유연제 15개의 향을 조사했습니다. 그 결과 대부분의 제품에서 향의 세기를 나타내는 악취 지수가 공장 배수 규제치와 같았다고 합니다. 이것이 공해 중 하나인 '악취'입니다.

이렇게 환경에 방출된 합성향료 성분은 분해되지 않고 바다나 농지, 공기에서 검출되고 있습니다. 향료에 의한 환경오염은 전 세계의 골칫거리입니다. 이제부터 사용하지 않는 건 어떨까요.

REACH
2007년부터 실시한 유럽 신규 화학물질 규제. 인체 건강 및 환경 보존을 목적으로 화학물질 사용을 관리한다.

똑똑한 엄마라면 이렇게!

☐ **미향이라도 합성향료 제품은 쓰지 않는다.**

---

(1) 세면용품, 모발용품, 구강용품, 데오도란트 등 개인이 사용하는 신체 관리 제품.
(2) 규슈 북서부에 위치한 바다.
(3) 규슈와 아마쿠사제도에 둘러싸인 바다.

COLUMN

세계의 '향료 자제' 호소

유치원과 학교에서 '향료'를 사용한 제품 때문에 고통받는 아이가 늘어나며, 향기를 '개인의 기호'로 치부할 수 없는 지경에 이르렀습니다.

나고야시의 초등학교에서는 보호자에게 보내는 '학교통신'에 '아이에 따라서는 보호자의 헤어 컨디셔너나 향수 등에 반응해 호흡곤란 등의 알레르기 증상이 나타납니다. (학교에 오실 때는) 코와 목을 자극하는 헤어 컨디셔너 및 향수 사용을 삼가주시면 대단히 감사하겠습니다'라고 호소했습니다.

오타루시의 한 중학교 '학급통신'에는 '데오도란트 및 향수 때문에 몸 상태가 나빠져 수업에 집중하지 못한다면, 그것은 수업받을 권리를 침해하는 것입니다'라고 쓰여 있습니다.

지자체도 움직이기 시작했습니다. 기후시를 시작으로 구라시키시, 사야마시, 스이타시, 삿포로시 등 여러 지자체에서 시나현의 광고지 및 홈페이지 등에 '화학물질과민증 환자를 이해하기'라는 타이틀로 향료 자제 호소문을 실었습니다.

캐나다는 '향수 금지 조례'가 제정되어, 학교, 도서관, 병원, 재판소 및 직장, 극장, 점포 등 공동 건물 모두에 향수 사용이 금지되었습니다. 한 예로 킹스턴 종합병원에서는 동료의 향수 때문에 심한 기도과민증을 일으킨 직원이 소송을 제기해, 병원 전체에 향료 사용이 금지되었습니다. 토론토여자의대에서는 '향수류 사용 금지령'을 내렸습니다.

미국은 도서관에 '향수 금지 시간대'를 설정하거나, 시청 출입 금지, 시 직원의 향수 사용 금지, 지방의회의 의회용 홀에서 향수를 뿌린 사람과 안 뿌린 사람끼리 나눠 앉기 등을 시행한다고 합니다.

EU는 2013년, 26종류의 향료를 규제했습니다. 알레르기의 원인이 되므로, 모든 제품에 표시를 의무화하고, 농도도 엄격하게 규제합니다. 이후 100종류 이상의 향료 사용 제한을 계획 중이라 합니다.

미국의 환경운동 단체 EWG는 비누 및 화장품 등에 쓰이는 향료 성분을 명시할 것을 기업에 촉구하는 서명 활동을 시작했습니다. 덧붙이자면 일본 비누세제공업회는 각 회사가 안전성을 점검해 제조한다고 주장하며 향료 성분을 공개하지 않고 있습니다.

Part 5

꼼꼼하게 따져봐야 할 백신과 불소

질병 예방은 꼭 약으로 하지 않아도 괜찮습니다. 사람의 몸은 외부에서 바이러스나 균이 들어오면 여러 기관이 힘을 모아 싸웁니다. 따라서 일상생활 중 면역력을 기르는 것이 중요합니다. 골고루 식사하기, 적당한 운동하기, 청결 유지하기, 유해 물질 피하기 등으로 예방할 수 있는 병이 무척 많습니다.

질병 예방 백신–인플루엔자, 풍진, 홍역

옛날에는 영양 상태도 위생 상태도 나빠 감염병으로 사망하는 아이가 무척 많았습니다. 당연히 백신 덕분에 목숨을 건진 사람도 적지 않습니다. 그런데 지금은 위생 상태가 좋아지고 의학도 발달했습니다. 음식 때문에 곤란을 겪는 일도 없습니다. 그런데도 국가에서는 백신을 접종하도록 추천합니다. 백신은 대체 누구를 위해서 맞는 걸까요?

백신은 수은과 알루미늄이 첨가된 극약입니다. 농도를 낮췄다 하더라도 세균과 바이러스를 몸에 직접 주입하는 것이므로 적잖은 부작용이 나타나며, 실제로 병에 걸리는 사람도 있습니다. 접종에 따른 부작용이 10만 명 중 1명에게만 나타난다 하더라도 그 1명이 자신의 아이가 아닐 거라는 보장은 없습니다. 게다가 백신을 맞은 뒤 중증의 부작용이 나타나더라도 그것이 백신 때문이라고 인정받는 일은 거의 없습니다.

그런데 그 수많은 백신이 모두 필요한 것일까요? 인플루엔자는 인플루엔자 바이러스에 의해 발병하는 일종의 감기입니다. 열이 많이 나고 전염력이 강해 무서운 병이라 생각하기 쉽지만, 걸린 본인마저 감염 사실을 모를 정도로 가벼운 증상이 나타나기도 합니다. 수면 부족이나 영양 부족으로 체력이 떨어지면 감염되기 쉽고, 중증이 되기도 쉽습니다. 안타깝지만 백신을 맞아도 감염됩니다.

임신을 준비할 즈음 풍진이 유행한다면, 부부가 사전에 항체를 확인해 보고 항체가 없을 경우에만 백신 접종을 받으면 됩니다. 파상풍 백신 또한 크게 다쳤을 때 접종해도 무리가 없는 백신입니다.

홍역은 걸리면 중병이 되기 쉬우므로 아이가 괴로울 수 있습니다. 그러니 컨디션이 좋을 때 백신을 맞혀야 합니다. 가능한 한 단독으로 접종받읍시다.

필요한 백신과 그렇지 않은 백신, 질병의 유행과 아이의 체질, 몸 상태를 봐가면서 접종을 결정합시다. 단, 백신으로 생성된 항체가 평생 유지되지는 않습니다.

백신의 성분

주로 닭이나 악어, 원숭이, 토끼, 쥐 등의 세포. 첨가물은 포르말린, 수은, 알루미늄 등.

백신의 수

후생노동성의 백신 일정표에 따르면 정기 접종만으로도 1세까지는 13회, 7세까지는 23회나 된다. 한국의 경우 국가 필수 예방접종 17종이 있다.

수은

백신에는 티메로살(살균 작용이 있는 수은 화합물)이 첨가된 것도 있다.
티메로살은 자폐증의 원인이 된다는 의견도 있다.

알루미늄

백신의 유효 성분이 오랫동안 체내에 잔류하게끔 해서 효과를 높이는 보조제로 사용된다. 쇼크나 과민증 등을 일으키는 경련 독성이 있다.

똑똑한 엄마라면 이렇게!

□ 제약 회사가 공표한 '백신 사용 설명서'를 인터넷 등으로 검색해 꼼꼼히 읽는다. 부작용 및 위험성을 감수할 만한 장점이 있는지 고민한 다음 결론을 내린다. 텔레비전과 신문 등의 보도에 혹하지 말고 올바른 정보를 냉정하게 받아들인다.

□ 접종 시에는 혼합 접종 및 동시 접종은 피하고, 가능한 한 단독으로 맞는다. 혼합 접종은 부작용 발생 횟수가 높아지기도 하거니와 부작용과 백신의 인과관계를 증명하기 어렵다.

□ 접종은 신뢰할 수 있는 소아과에서 몸 상태가 좋을 때 받는다. 접종 후 4~6주간은 아이의 상태를 잘 관찰해 신경 쓰이는 증상이 있을 경우 즉시 병원에서 진찰받는다. 기록도 해둔다.

□ 감염병이 유행할 때는 되도록 붐비는 장소 및 병이 유행 중인 지역이나 장소에는 가지 않는다.

COLUMN

자궁경부암 백신이 필요할까?

자궁경부암을 발병시키는 바이러스(HPV)는 주로 성관계에 의해 감염됩니다.

이 바이러스는 200종류 이상의 타입을 갖고 있으며, 여성의 약 80%가 평생 한 번은 감염되는 극히 흔한 바이러스입니다. 암으로 발전할지 말지는 지속적인 HPV 감염, 영양 상태 및 위생 상태, 다산 등 여러 가지 원인이 뒤얽혀 결정됩니다. 암까지 진행되는 사람은 얼마 안 된다고 합니다. 더구나 백신을 맞지 않아도 자궁경부암 사망률은 검진이 보급되며 저하되고 있습니다.

HPV는 주로 성관계에 의해 감염되므로 남성도 감염될 가능성이 있습니다. 해외에서는 약 60%의 남성이 평생에 한 번은 감염된다고 합니다. 남성을 대상으로 한 검사 및 백신도 있습니다. 그럼에도 일본 후생노동성의 인가를 받은 HPV 검사 및 백신은 모두 여성만을 대상으로 합니다.

그런데 자궁경부암 백신 접종 직후 실신하는 소녀가 속출했습니다. 게다가 백신 접종 후 1년 이상 지난 뒤에 전신 통증, 경련, 보행 곤란, 기억장애 등의 위독한 증상이 나타나는 사람이 연달아 보고되었습니다.

도쿄 의과대학 의학종합연구소의 니시오카 소장은 "원인과 대책이 확실해질 때까지 접종해서는 안 된다"라고 했습니다. 캐나다 브리티시컬럼비아대학의 연구원은"전 세계에서 부작용이 나타나고 있다. 모든 국가에서 접종을 즉각 중지해야 한다"라고 호소했습니다.

감염병을 예방하기 위해 심각한 부작용이 보고된 백신을 접종할 이유가 있을까요.

HPV

인유두종 바이러스라 불린다. 자궁경부암의 원인이 되는 바이러스 중 하나.

자궁경부암 백신 부작용

후생노동성은 10대를 중심으로 총 338만 명이 접종받았다고 알려진 두 종류의 자궁경부암 백신의 부작용을 집계했다. 이에 따르면 2014년 3월까지 부작용 보고는 총 2584건으로, 경련 및 의식 레벨 저하, 팔다리에 장애가 남았다는 등의 중증자가 약 4분의 1을 차지했다. 1년 이상 지난 뒤부터 증상이 나타나기도 하는데, 그런 경우가 중증이라고 알려졌다. 후생성은 부작용이 지나치게 많다는 이유로 적극적인 접종 권유를 일시 중지했지만, 정기 접종에서는 빼지 않았다. 전문가 협회 15명의 위원 중 9명이 자궁경부암 관련 제약 회사에서 자금을 제공받은 사실이 드러났다.

한국의 경우 2016년부터 만 12세 여아를 대상으로 무료 접종을 실시하기 시작했다.

충치 예방 불소-
불소 도포 · 입 헹구기 · 불소 함유 치약

집에 있는 치약의 성분표시를 봐주십시오. '불소' 또는 '불화나트륨'이라고 쓰여 있진 않습니까? 미국의 불소 함유 치약에는 '만에 하나라도 콩알 크기 이상의 양을 삼켰을 때는 곧바로 전문의에게 진찰받을 것'이라는 주의 사항이 적혀 있습니다. 삼키면 위험한 화학물질이기 때문입니다.

불소는 충치 예방이라는 명목하에 일부 지역의 수돗물에 넣거나, 치약에 첨가하거나, 양치(입 헹구기) 및 이에 도포하는 등 폭넓게 이용되고 있습니다. 불소는 극약으로, 쥐나 바퀴벌레를 죽이는 독 성분 중 하나입니다. 그러나 양치질에 사용할 때는 물에 타서 옅게 만들기 때문에 '일반의약품'으로 호칭이 바뀝니다.

불소 구강 청정제 설명서에는 '마실 위험성이 있는 유아에게는 사용하지 말 것'이라고 적혀 있습니다. 세계보건기구(WHO) 또한 '6세 이하 어린이는 구강 청정제 사용 금지. 8세 미만 어린이에게는 불소 도포를 추천하지 않음'이라고 밝혔습니다. 그러나 일본에서는 1세 반 검진, 3세

검진에서 불소 도포가 행해지고, 전국의 유치원 및 보육원, 초등학교에 '집단 불소 입 헹구기'가 퍼지고 있습니다. 한국에서 불소 도포는 부모의 선택 사항입니다. 또 '불소 입 헹구기'는 따로 시행하지 않습니다.

불소 입 헹구기의 효과에 대해 이러한 조사 결과가 있습니다. ①불소 입 헹구기를 거의 하지 않는 히로시마현과 도쿄도의 어린이는 충치가 적다. ②전국 치과 보건 우량 학교로 선발된 10개 학교 중 불소 입 헹구기를 실천한 곳은 한 학교뿐이다.

즉 충치 수는 불소 입 헹구기와 관계없다는 결과가 도출된 것입니다. 충치 수의 평균치를 높이는 것은 여러 개의 충치가 있는 몇몇 아이입니다. 그런 아이를 개별적으로 지도하지 않고, 모든 아이에게 약제를 사용한 충치 예방을 시킨다는 건 무모한 짓입니다. 올바른 예방이라 할 수 없습니다.

불소는 극약이므로 엄격한 관리가 필요합니다. 원래 치과 의사의 지시에 따라 행해야 하는 처치를, 학교나 유치원에서 자격도 없는 교직원이 행한다는 것은 몹시 위험한 일입니다. 사고가 나면 누가 책임질까요? 현재로는 '자기 책임'이라고 합니다.

또 불소를 과잉 섭취하면 뼈와 치아의 불소증*을 일으키고, 저농도라도 장기간 섭취할 경우 갑상선 기능이 저하되며, IQ를 저하시키고, 각종 암을 발생시킨다고 연구자들은 지적하고 있습니다.

똑똑한 엄마라면 이렇게!

□ 불소가 첨가된 치약은 사용하지 않는다.

□ 충치 예방은 가정에서 한다. 어릴 때부터 이 닦는 습관을 들이고, 편식하지 않게 하며, 간식 및 주스는 시간을 정해서 준다. 절제 없이 먹는 습관을 고친다.

불소

일반적으로 '불소'라 부르는 것은 홑원소 물질[1]이 아니라 여러 가지 물질과 결합한 '불소 화합물'. 양치나 입 헹구기에 사용되는 불소는 '불화나트륨'이다. '불화물은 자연계에 분포하며, 녹차 및 해초 등에도 함유되어 있으므로 안전'하다는 주장도 있으나, '자연계에 있는 것=안전한 것'은 아니다. 납 · 알루미늄 · 석면 · 카드뮴 · 방사선 등도 자연계에 있으나 안전하지 않은 것과 같다.

불소 입 헹구기(불화물 입 헹구기)

불화나트륨을 물에 타 30초~1분간 부글부글 헹구는 것.

불소증(반상치)

불소가 함유된 수돗물, 불소가 첨가된 치약 등에서 과잉 불소가 체내에 쌓였을 때 치아에 분필 자국 같은 흰 반점 및 얼룩이 생기는 증상. 발병 횟수는 에나멜질이 석회화하는 시기(출생~8세 소아)의 불화 물질 섭취량 및 기간(횟수) 등에 좌우된다.

(1) 단일 원소로 이루어졌으며 고유한 화학적 성질을 지닌 물질.

불소를 사용하지 않는 충치 예방 Let's Begin '베이킹소다 입 헹구기'

불소가 양치나 입 헹구기에 필요 없는 물질이라는 점을 이제는 다들 아시겠지요?
만약 물로만 입을 헹구는 것은 뭔가 부족하다고 느끼는 분이라면 충지 예방을 위해 '베이킹소다 입 헹구기'를 해보세요.
베이킹소다 입 헹구기는 양치 후 베이킹소다를 녹인 물로 입안을 헹구는 것입니다. 충치균은 음식물 찌꺼기의 당분에서 '산'을 만들어냅니다. 베이킹소다는 약알칼리성이므로 충치의 원인인 산을 중화해 충치를 예방합니다. 이치에 맞는 논리적인 방법이지요.
한 예방 치과 개업의는 사이트에 "'베이킹소다 입 헹구기'는 치과 의사 · 치위생사가 전용 기구를 이용해 행하는 치아 클리닝 + 불소 도포로도 진행을 막지 못하는 초기 충치에 두드러진 효과가 있다"라고 보고했습니다.

베이킹소다수 만드는 방법

티스푼으로 1술(3g)의 베이킹소다를 300~500ml 유리컵에 담고 미지근한 물을 부은 뒤 잘 저어 녹이면 완성. 입에 머금었을 때 살짝 짠 정도입니다.

사용법

음식을 먹은 뒤 되도록 빠른 시간 내에 베이킹소다수를 입안에 머금고 부글부글 헹굽니다.
양치 뒤에도 마무리로 부글부글 헹굽니다.
※ '식품용 베이킹소다'를 사용할 것. 농도가 너무 진하면 점막을 상하게 하므로 이질감이 있을 경우 연하게 하는 등 농도를 가감한다. 베이킹소다수는 만든 뒤 3일 이내에 사용한다.

프라이팬의 '불소'

프라이팬과 냄비 중에는 눌어붙는 것을 방지하기 위해 불소수지 가공을 한 제품이 있습니다. 이런 경우 불소는 유기 불소입니다. 충치 예방에 사용하는 '불화나트륨'의 불소는 무기 불소입니다.

불소는 외로움을 타는 스타일이라 단독으로는 잘 존재하지 않고(화학반응을 일으키기 쉬움) 언제나 무언가와 붙어 있습니다. 원래 불소는 맹독이지만 어떤 것에 붙는지에 따라 불소 화합물의 유해성이 달라집니다. 불소 그 자체는 유리 용기를 부식시킬 정도로 활성이 강하며, 불소수지처럼 한번 달라붙은 수지에서 분리되기란 무척 어렵습니다.

한편 불화나트륨처럼 이온으로 결합된 무기 불소 화합물이 물에 녹으면 이온화됩니다. 이때 불소가 다른 물질과 반응해 독성을 띠게 됩니다.

불소는 달라붙는 성질 때문에 의약품이 되었다가, 수지 가공 프라이팬이나 식품 포장에도 쓰이고, 의류 발수 가공[1], 자동차 코팅 등에도 이용됩니다.

불소수지를 만들 때 사용한 물질은 자연계에서 분해되지 않고, 체내에 들어오면 배설이 잘 되지 않으며, 암 및 면역 이상을 일으킨다고 합니다. 불소수지 가공한 프라이팬에 끓인 수돗물의 불소 농도를 보통의 수돗물 불소 농도와 비교했더니, 프라이팬 수돗물에서 불소가 조금 녹아났다고 합니다. 도쿄대학과 이와테현 환경보건연구센터의 조사에 따르면, 유기 불소가 하천 및 호수, 인체에서 발견되었다고 합니다.

불소수지 가공은 350℃의 고온에서 유해 가스를 발생시키는데, 이 가스를 들이마신 작은 새가 죽었다는 이야기는 유명합니다.

미국의 워킹 그룹 실험에서는 240℃에서도 유해 가스가 발생했다는 발표가 있습니다. 급속하게 보급 중인 IH[(2)] 조리기는 1분쯤에 370℃를 넘어갑니다. 불소수지 가공한 것은 폐기 후 재활용할 때도 유해 물질이 나온다고 합니다.

똑똑한 엄마라면 이렇게!

- ☐ **불소수지 가공한 프라이팬은 사용하지 않는다.**
- ☐ **무쇠나 스테인리스 스틸 프라이팬을 사용한다.**

---

(1) 물방울이 의류에 스며들지 않고 표면에 맺히거나 굴러 떨어지게 하는 가공 방식.

(2) 유도가열이라는 뜻으로, 전자기 유도로 전류를 도입해 신속하게 열을 내 조리 시간을 단축해주는 기술이다. 한국에서는 압력밥솥 등에 자주 쓰이는 기술로 유명하다.

제2부
환경에도 몸에도 좋은 생활

실천 편

● 프롤로그 ●

좀 더 편하고 심플하게 살자

1부에서는 화학물질의 위험성에 대해 여러 측면에서 이야기했습니다. 그럼 이러한 화학물질의 피해를 조금이라도 줄이기 위해서는 어떻게 생활하는 게 좋을까요? '씻는' 방법을 바꾸는 것만으로도 상당한 화학물질을 배제할 수 있습니다. 그것도 의외로 간단하고 쾌적한 방법으로 가능하답니다.

1 | 집 안이 세제투성이라고?

위생적인 생활과 청결을 유지하기 위해 사들인 세제를 다 모으면 몇 종류나 될까요?

비누, 세안 폼, 클렌징 제품, 보디 워시, 샴푸 · 린스 · 트리트먼트, 치약, 구강 청결제, 손 소독용 알코올, 주방 세제, 표백제, 세탁용 세제와 표백제, 유연제. 잠깐 나열했는데도 30종이 넘을 것 같습니다. 기타 화장품이나 리무버, 벌레 퇴치제, 항균 · 살균제 외에 아기가 있다면 베이비용으로 쓰는 것과 그렇지 않은 것으로 나뉩니다. 어쨌든 집 안을 깨끗하게 하기 위한 약제가 엄청나게 많죠?

이런 상품을 세세하게 갖추고 특징에 따라 능숙하게 사용하는 것은 실로 엄청난 가사노동과 비용을 부담하는 일입니다. 하지만 실제로는 사왔을 때 한두 번 쓰고는 찬장 속 깊숙이 몇 개월이나 방치해둔 채 버리지 못하는 경우가 많습니다. 마지막까지 다 쓰는 건 몇몇 제품뿐입니다.

2 | 요령을 터득하면 간단하고 안전 · 안심

제가 제안하는 생활은 무척 심플합니다. 쓸데없는 돈을 들이지 않고 물건을 많이 늘리지도 않으며 수고까지 덜어줍니다. 기본은 '순비누'입니다. 여기에 목적별로 구분한 우수한 알칼리제와 산성제 몇 종류뿐. 기호에 따라 에센셜 오일과 허브 등을 조금 보탭니다. 끝.

"응? 몸, 식기, 의류에 똑같은 비누를 사용하는데도 괜찮다고?"

물론입니다. 오염물도 씻어내고 피부나 환경에도 좋습니다. 안전하고 안심됩니다.

단지 안타까운 점은 모처럼 비누 생활을 시작한 사람이 "쓰기 힘들어"라거나 "생각한 것보다 때가 잘 안 빠지네", "역시 향기가 나는 게 좋지" 등의 이유로 다시 합성세제로 돌아가는 일이 적지 않다는 것입니다. 이는 비누나 알칼리제의 특징 및 사용 요령을 모른 채, 지금까지 써온 합성세제와 똑같은 방법으로 사용했기 때문인지도 모릅니다.

따라서 실천 편에서는 우선 때 빼기와 비누의 기본을 설명하고, 더불어 친환경적인 세척을 도와주는 알칼리제 및 산성제를 소개하겠습니다. 모두 청소나 세탁 시 가정에서 배출되는 배수 오염을 줄이는 데 최적인 아이템입니다.

최근에는 비누에서 유래한 질 좋은 샴푸나 세스퀴소다[1]도 시판되고 있습니다. 그러나 향료나 첨가물이 들어간 제품도 있으므로 주의해야 합니다. 이 책을 따라 처음부터 자기 손으로 만들어 쓰는 것도 전혀 어렵지 않습니다. 그리고 가정경제에도 꽤 도움이 된답니다.

집 안에는 이런 세제류 및 소취 · 방충제가…

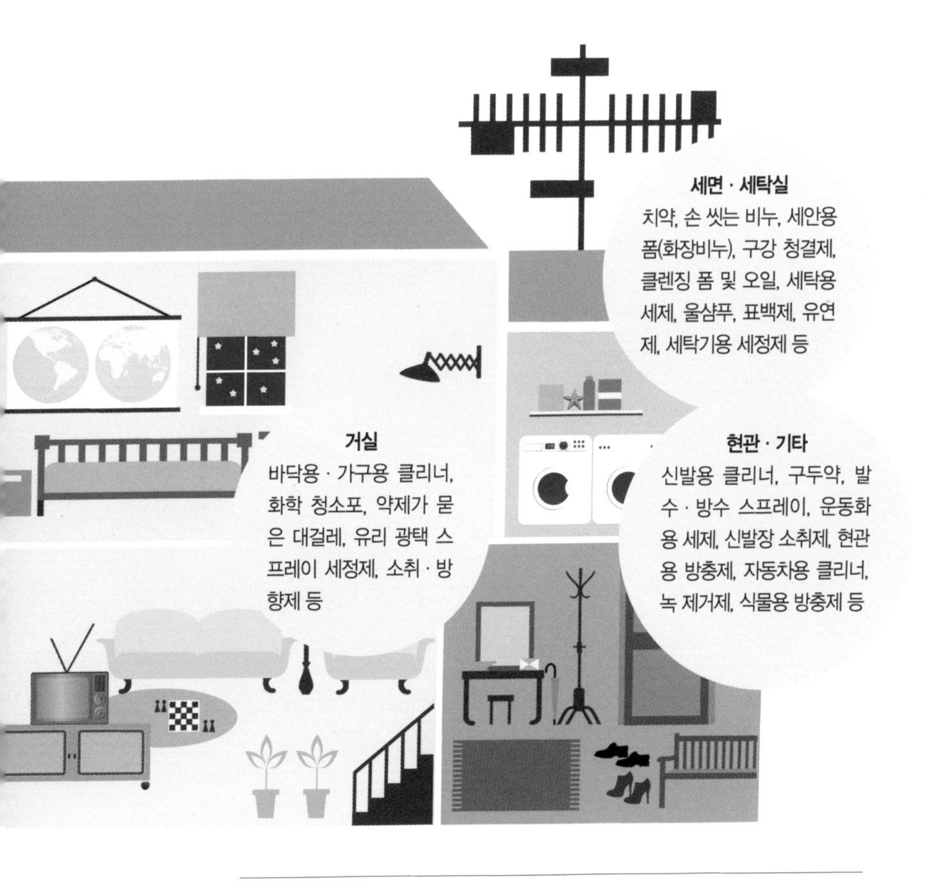

(1) 베이킹소다에 비해 물에 잘 녹고 세정력이 좋으며 피부 자극이 적다고 알려진 알칼리제 성분의 소다.

저희 집에는 스프레이 통이 몇 개 있는데, 각각 탄산소다수, 베이킹소다수, 식초수 등이 들어 있습니다. 아무 때나 바로 뿌려 청소할 수 있고 실내 공기가 오염될 일도 없습니다. 또 천식과 아토피가 있는 아동이나 아기, 반려동물도 쓸 수 있습니다. 비누 생활을 시작하고부터 '비누 마니아'로 변신한 저는.온갖 비누를 시험해본 뒤 경제적이고 쓰기 편하면서 제 피부에 맞는 비누를 골라 사용하고 있습니다. 처음에는 '무첨가'가 최고라고 생각했기 때문에 세탁용 비누도 '순비누'를 사용했습니다. 하지만 때를 지우는 데는 탄산소다가 필요하다는 걸 깨달은 지금은 탄산소다를 배합한 가루비누를 사용하고 있습니다(모 · 실크 이외). 여러분도 실제로 사용하면서 자신에게 맞는 최고의 비누를 찾아보세요. 요령을 터득하면 사용감이 점차 좋아져 합성세제로 되돌아가지 않을 겁니다. 어쩌면 편안한 에코 라이프를 주변 사람들에게 전파하고 싶어질지도 모릅니다.

3 | 제품 카피에 현혹되지 않기

'천연', '피부에 순한', '식물성'이라는 카피를 붙인 상품이 무척 많습니다. 그러나 합성세제인데도 '식물성'이나 '에코'를 주장하는 제품을 보면, 첨가물 중 극히 일부에 식물 유래 성분이 포함되었을 뿐인 것이 많습니다. 또 '비누'라 하더라도 합성향료나 금속이온 봉쇄제(EDTA) 혹은 디소듐EDTA 등이 배합된 것도 있습니다. EDTA란 보존성 향상 및 비누가 잘 풀어지도록 물을 연수화할 목적으로 첨가하는 것으로, 수생생물에 대한 독성, 피부 자극, 알레르기의 원인이 되며 태아에게 악영향을 미칠 우려가 있어 제1종 지정 화학물질로 등록되었습니다. '약용 비누'도 순수한 비누가 아니라 자극이 강한 화학물질을 함유한 비누입니다. 따라서 눈에 띄는 광고 문구만 믿지 말고 뒷면에 작은 글자로 적힌 성분 표시를 확인한 뒤, 되도록 쓸데없는 물질을 배제한 제품을 고르세요.

4 | 사용하고 싶은 비누 종류는 어떻게 구할 수 있을까?

대형 마트나 슈퍼마켓 등의 세제 판매대에는 많은 상품이 넘쳐납니다. 하지만 안타깝게도 제가 추천하는 혼합물 없는 비누 종류 및 3대 알칼리제 등은 팔지 않는 곳이 많습니다. 부엌용, 세탁용, 보디용 등이 쭉 늘어선 상품 판매대에서 사용할 만한 것은 한두 종류 있을까 말까 합니다. 심지어 전혀 판매하지 않는 상점도 적지 않습니다. 여기서는 우선 당신이 사는 곳에서 어떻게 하면 양질의 비누를 손에 넣을 수 있을지, 아래 항목 중 어떤 것이라도 좋으니 방법을 찾아봅시다.

* 자연 식품점, 에코 숍, 오가닉 제품을 취급하는 상점

무농약 채소와 오가닉 식품, 공정무역 상품 등을 다루는 상점에는 비누를 진열해둔 곳이 있습니다. 단, 너무 멋을 내는 바람에 비누 1개가 5000원이나 될 만큼 비싼 상품밖에 없거나, 합성향료를 첨가한 것은 곤란합니다. 일상에서 오랫동안 안심하고 사용할 만한 제품은 싸고 단순한 것입니다.

*생활협동조합

전국에는 갖가지 생활협동조합(통칭 생협)이 있습니다. 슈퍼마켓과 유사한 점포가 있는 경우도 있고, 카탈로그를 보고 주문한 뒤 택배로 받는 시스템으로 운영하는 곳도 있습니다. 식품은 물론, 취급하는 모든 상품의 안전성 등에 일정한 기준을 설정해두기 때문에 일반 상점보다 건강에 좋고 환경에도 이로운 물건을 살 수 있다고 알려졌습니다.

*비누 회사 등에 직접 문의

원하는 비누 제조사를 찾았다면 전화나 메일로 직접 문의하는 것도 추천합니다. 자신이 사는 지역에 취급하는 상점이 있는지 여부도 알 수 있습니다. 회사는 고객의 직접적인 목소리를 원하므로 구입하고 싶다는 연락에는 정중하게 응대합니다.

*인터넷 판매를 이용

오프라인으로 구입하는 것이 불가능하다면 인터넷 판매 등을 이용하면 됩니다. 완성된 비누를 사도 되고 비누 재료를 판매하는 곳도 많으니 재료만 구입해서 만들어도 됩니다. 완제품의 경우 성분을 꼼꼼하게 살펴보세요.

5 | 더러워지면 깨끗이 한다는 기본으로 돌아온다

합성세제보다 비누가 환경 친화적이라고는 해도, 대량으로 사용하면 영향이 있을 수밖에 없습니다. 하천으로 흘러든 비누 찌꺼기 등의 유기

물을 미생물이 분해하기 위해서는 산소가 필요합니다. 그렇지만 유기물이 너무 많으면 산소량도 감소합니다. 그러니 비누 사용량을 줄이기 위해서라도 보조제(알칼리제 · 산성제)를 함께 사용하는 것이 좋습니다. 그리고 가능한 한 환경에 부담을 덜 주도록 '사용하면 깨끗이 한다'에서 '더러워지면 깨끗이 한다'로 바꿔갑시다. 그러면 유해 화학물질을 계속 사용해 아이들의 미래가 보장되지 않는 삶에서 한 걸음씩 꾸준히 멀어질 수 있습니다.

Part 1

때가 빠지는 원리
비누와 오염물 제거를 돕는 동료들

때가 빠지는 원리만 잘 알면 합성세제를 쓸 일이 없습니다. 알칼리제, 산소계 표백제, 산성제의 쓰임과 효과를 알아보고 일상생활에 활용해봅시다.

비누의 원료는 유지

'비누'를 무엇으로 만드는지 아시나요? 야자유, 올리브유, 유채씨유, 미강유, 우지 등 천연 동식물 유지를 끓여 녹이고 일정한 온도에서 수산화나트륨(가성소다)이나 수산화칼륨을 섞으면 비누가 됩니다. 즉 유지가 원료입니다. 그럼 일반적인 가정의 '때'는 무엇으로 이루어져 있을까요. 몸에서 나오는 피지나 땀, 음식물 찌꺼기, 흙, 실내 먼지 등에도 유지가 섞여 있는 경우가 많습니다.

유지에서 유래한 비누는 유지 범벅인 때를 녹이고 거품으로 감싸 안아 들러붙어 있던 곳에서 떨어뜨려 제거합니다. 찬물이나 따뜻한 물만으로 지워지는 오염물도 있지만, 물과 유지는 원래 섞이지 않는 성질이므로, 그 상태대로는 쉽게 씻어낼 수 없습니다.

물과 기름, 서로 섞이지 않는 두 가지 물질의 사이(계면)에서 작용해 잘 어우러지게 해주는 것을 '계면활성제'라고 부릅니다. 비누도 계면활성제 중 하나입니다.

때의 성질과 종류에 대응해 비누와 그 작용을 도와주는 몇 가지 물질(보조제)을 사용하면 가정 내 오염과 때는 합성세제를 전혀 [illegible]도 깨끗하게 싹 지울 수 있습니다.

와 합성세제의 차이

흔히 고형물이 비누이고 가루나 액체로 된 것은 합성세제라고 오해하거나, 몸을 씻을 때 쓰는 것이 비누이고 식기나 옷을 깨끗이 할 때 쓰는 것은 세제라고 생각합니다. 하지만 겉모양만으로는 비누와 합성세제를 구별할 수 없습니다. 가장 큰 차이점은 합성세제는 석유와 기타 유지를 화학적으로 합성한 '합성 계면활성제'가 배합되어 있다는 것으로, 비누와는 원료 및 성분이 다릅니다. 최근에는 합성세제인데 식물유지를 포함했다는 이유로 '천연', '에코'라고 광고하는 것도 있는 한편, 역으로 '합성향료'가 첨가된 비누도 있어 헷갈리기 십상입니다. 성분표시를 확인해 구분하세요.

세계 최초의 가정용 합성세제는 1932년 발매된 미국 듀퐁사와 P&G사의 '드레프트'입니다. 일본의 가정용 합성세제 제1호는 1937년 제일공업제약이 발매한 '모노겐'입니다. 한국은 1966년 럭키 상표로 합성세제 '하이타이'를 출시했습니다. 100년도 채 지나지 않았습니다. 비누가 수천 년이나 쓰인 것에 비하면, 합성세제는 극히 최근에 인공적으로 만든 합성물입니다. 물에 녹는 성질은 비누보다 강하지만 독성과 자연환경에 주는 부담 또한 비누보다 많습니다.

비누와 합성세제를 구분할 수 있다면, 다음 장에서는 비누에 대해 조금 더 자세하게 알아봅시다.

비누와 합성세제의 구분법

비누	고형이나 가루인 경우 '지방산나트륨', 액체인 경우 '지방산칼륨', '비누 바탕' 등이라 쓰여 있다. 순비누분 50% 이상.
순비누	비누 중 '순비누분 98% 이상'이 순비누.
합성세제	'합성', '합성 계면활성제'라는 글자 및 라우릴황산나트륨, 직쇄 알킬벤젠, 알킬에테르 등의 외래어나 AE, LAS 등 알 수 없는 이름이 잔뜩 쓰여 있음.

비누의 종류

1 | 순비누와 비누의 차이

'순비누'는 비누분이 98% 이상이며 첨가물이 거의 들어가지 않은 것을 뜻합니다. '비누'는 비누분 50% 이상으로, 탄산소다나 경우에 따라서는 향료 등이 배합되어 있습니다. 우유나 벌꿀, 숯 등을 넣은 비누도 있습니다.

순비누만 쓴다고 좋은 것은 아닙니다. 목적에 맞게 나누어 쓰는 것이 중요합니다. 세탁이나 청소에는 오염 제거를 도와주는 탄산소다 등을 넣은 비누가 쓰기 편하고, 몸이나 얼굴, 머리를 씻을 때는 순비누가 안심됩니다.

2 | 고형 · 가루와 액체의 차이

비누는 고형만 있는 것이 아닙니다. 가루비누, 액체 비누도 있습니다. 단, 고형과 가루는 같은 부류인 반면, 액체는 닮긴 했으나 조금 다른 비누입니다.

유지에 수산화나트륨(가성소다)을 섞으면 '지방산나트륨'이 생깁니다. 이것은 고형 비누나 가루비누가 됩니다. 한편 유지를 수산화칼륨과 섞으면 '지방산칼륨'이 생깁니다. 이것이 액체 비누입니다. 세정력은 고형이나 가루에 비해 조금 떨어지므로 많은 양이 필요해 비경제적입니다.

비누는 손수 만들 수 있다

비누는 가정에서 직접 만들 수도 있습니다. 올리브유, 밤(balm) 등 갖가지 재료를 섞어 목적이나 취향에 맞추어 만들 수 있습니다. 가성소다는 약국에서 구매할 수 없으므로 인터넷으로 구입해야 합니다. 또 취급에는 충분한 주의 및 사전 지식이 필요합니다. 폐유로 만든 비누는 설거지하기 딱 좋습니다.

pH를 알아보자 - 산성·중성·알칼리성

오염 제거의 기본 원리를 이해하기 위해서는 pH에 대해 알아두어야 합니다. 아래 표처럼 산성부터 알칼리성은 1~14의 pH 수치로 표시할 수 있습니다. 중앙의 7이 중성이고, 6~8이 수돗물입니다. 0의 염산은 강한 산성의 독극물, 14의 수산화나트륨(가성소다)은 강한 알칼리성의 독극물로, 어느 쪽이든 맨손으로 만질 수 없습니다. 그러나 pH2~12인 것들은 가정에서도 사용 가능한 물질입니다. 구연산 및 탄산수소나트륨(베이킹소다) 중에는 식품에 첨가하는 것도 있습니다. 얼굴과 몸에 쓰는 비누는

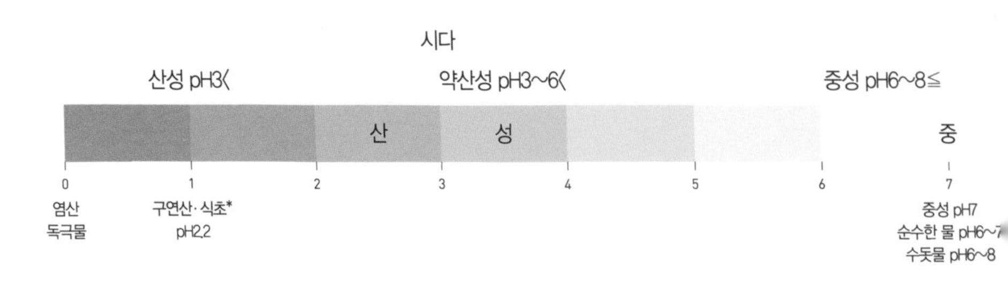

pH10, 세탁비누는 pH11 이하의 약알칼리성입니다. 특히 비누 주변에 있는 몇 가지 알칼리제는 비누를 도와주는 무기물입니다.
헷갈리겠지만 세스퀴소다, 탄산염 등 '산'이라는 글자가 들어갔더라도 알칼리제입니다. 여기에 언급하진 않았지만 숯도 알칼리제에 포함됩니다. 핥아보면 쓴맛이 납니다. 산성인 구연산과 초산 등은 감귤류와 식초에 포함된 성분으로, 핥아보면 신맛이 납니다.
때에도 산성과 알칼리성이 있습니다. 식기 등에 묻은 기름때, 손때, 땀 등은 산성입니다. 물때나 석회, 냄비 그을음 등은 알칼리성입니다. 일반적으로 산성 때는 알칼리제로, 알칼리성 때는 산성제로 중화해 제거한다고 생각하면 됩니다. 이러한 성질을 파악하고 있으면, 핏자국은 탄산염으로 잘 지워지고 수도꼭지 주변의 물때나 포트에 달라붙은 석회는 구연산을 쓰면 잘 지워지는 이유를 쉽사리 이해할 수 있습니다.

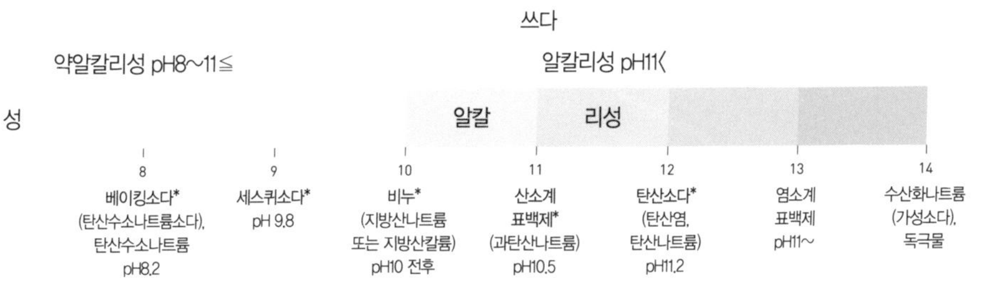

3대 알칼리제를 알아보자 탄산소다·세스퀴소다·베이킹소다

알칼리제의 대표 선수는 알칼리가 강한 순서대로 탄산소다(탄산염), 세스퀴소다(알칼리 워시), 베이킹소다(탄산수소나트륨, 중탄산소다)입니다. 이 책에서는 이것을 '3대 알칼리제'라고 부르겠습니다.

알칼리제는 어떻게 때를 지우는 걸까요. 알칼리가 때 속의 유지와 반응하면 기름때가 일종의 비누(계면활성제)가 됩니다. 이렇게 비누로 변한 유지는 더 이상은 때가 아니라 때를 지우는 힘이 되어, 다른 때까지 빼줍니다.

알칼리제 중 탄산소다는 pH가 11.2로, 가정용 알칼리제로서는 최강입니다. 비누와 합성세제의 보조제로 배합하지만, 식품첨가물로도 사용됩니다. 인터넷으로 주문해야 해서 번거롭지만, 저는 가장 좋아하는 알칼리제입니다.

세스퀴소다는 pH9.8로, 탄산소다 및 베이킹소다와 비슷한 종류의 물질입니다. '알칼리 워시'로도 불리며, 초보자도 사용하기 편한 알칼리제입니다. 탄산소다 및 베이킹소다보다 물에 잘 녹고, 잘 변질되지 않으므로 장기 보존하기도 좋습니다. 탄산소다보다 사용량이 조금 많지만, 대충 다룰 수 없다는 점이 오히려 이점입니다.

베이킹소다는 예부터 과자를 만들 때나 산나물의 떫은맛을 뺄 때 쓰인 알칼리제로, '탄산수소나트륨(중탄산소다)'이라 부릅니다. pH8.2로 물에 잘 녹지 않는 미세한 입자가 특징입니다. 이름은 널리 알려졌지만 많은 사람들이 사용법을 잘못 알고 있기도 합니다. 바로 베이킹소다를 세탁할 때 쓰는 것입니다. 알칼리도가 낮은 베이킹소다는 세탁용이 아닙니다. 하지만 세탁 이외에는 특기가 아주 많습니다.

베이킹소다에는 식용과 공업용이 있는데, 피부 및 입안에는 '식용'을, 청소에는 단가가 낮은 '공업용'을 사용합시다.

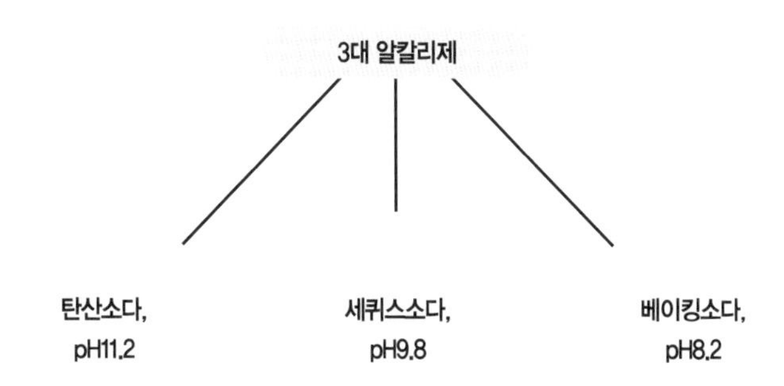

산소계 표백제를 알아보자

표백제라 하면 하이타[1]나 블리치[2] 등을 떠올리는 사람이 많을 거라 생각합니다. 하지만 이것들은 염소계 표백제입니다. 이 책에서 다루는 것은 산소계 표백제로, 자극적인 냄새가 없고 표백력이 지나치게 강하지도 않습니다. 색깔이나 무늬가 있는 것에도 사용할 수 있으며, 다루기 쉬운 것이 특징입니다.

산소계 표백제는 일반적인 세탁은 물론 세탁조 청소, 배수구 청소에도 효능을 발휘합니다. pH10.5의 약알칼리성으로, 사용한 후에는 탄산소다 및 산소, 물로 분해되기 때문에 버리는 물에는 표백 성분이 거의 남지 않습니다.

산소계 표백제에는 두 종류가 있습니다. 액체 타입의 산소계 표백제(과탄산수소)는 pH6의 산성입니다. 옥시돌 성분이며 가루 형태인 산소계 표백제(과탄산나트륨)보다는 표백력이 약합니다. 이 책에서는 가루형 산소계 표백제(과탄산나트륨)를 사용합니다.

염소계 표백제(차아염소산나트륨)는 pH11로, 표백력이 강하고 살균력도 강하며 찡한 느낌의 자극적인 냄새가 납니다. 구성 성분인 차아염소산나트륨이 산과 섞이면 염소 가스가 발생해 매우 위험하므로, 산성 세제와 섞어 써서는 안 됩니다. 구연산이나 식초도 산이므로 함께 사용하면 절대 안 됩니다.

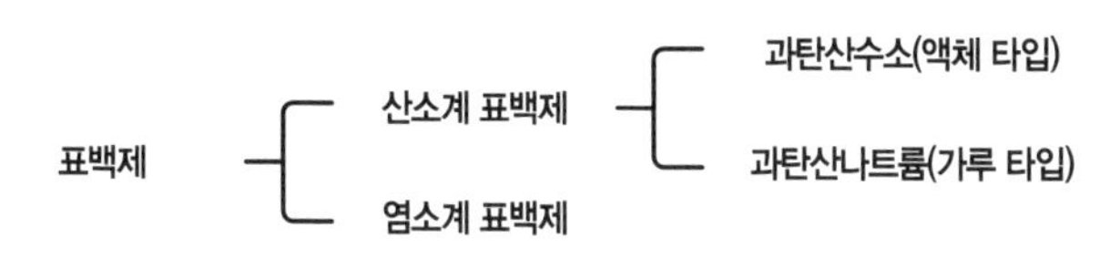

---

(1) 일본의 유명 생활용품 대기업 카오주식회사에서 판매하는 표백제.

(2) 일본의 유명 생활용품 대기업 라이온주식회사에서 판매하는 표백제. 한국의 옥시크린과 비슷하다.

산성제(구연산, 식초)에 대해 알아보자

구연산은 매실장아찌나 감귤류, 식초에 함유된 '신맛' 성분입니다. 식초는 휘발성이 있어 자극적인 냄새가 나지만, 구연산은 휘발성이 없는 무취입니다. 식초 냄새를 싫어하는 분은 구연산을 추천합니다. 구연산은 건조하면 결정이 남으므로 사용 후 물로 흘려보내거나 물수건으로 닦아야 합니다.

구연산과 식초는 약산성이라 칼슘을 녹이거나 알칼리성 때를 중화해 제거하기 쉽게 만듭니다. 참고로 식초는 살균 작용은 없으나 대신 소취·정균 작용[3]을 합니다.

중성세제로 때가 지워질까

일본의 식품위생법에 주방용 세제는 안전성을 배려해 pH6~8의 중성으로 제작하라고 지정되어 있으므로 '주방용 합성세제' 중 대다수는 중성세제입니다. pH 수치는 중성이지만, 강한 합성 계면활성제에 의해 유지분이 유화되어 물에 씻깁니다. 오염물은 금세 떨어지겠지만 하천과 환경이 오염되겠죠. 합성세제를 넣은 수조의 물고기가 죽은 실험은 유명합니다.

---

(3) 세균의 증식을 저지하는 작용.

각각의 특기와 특징 · 요령

● 비누

특기

• 세탁, 청소, 설거지, 보디 케어(입욕, 세안, 헤어 트리트먼트), 살충제

특징 · 요령

• 거품을 내는 것이 중요. 충분히 거품을 내려면 어느 정도의 농도가 필요. 거품이 풍성하지 않으면 효과가 나지 않음.

• 산성과 만나면 중화되어 세정력을 잃음. 식초 종류, 케첩, 감귤 과즙 등 산성 오염물은 제거한 다음 씻기.

• 20℃ 이하의 냉수에는 잘 풀리지 않으므로 미지근한 물을 사용.

• 미네랄 성분이 많은 물(경수)은 순비누를 사용하면 찌꺼기가 생기기도 하므로 알칼리제를 더한 비누를 사용. 순비누의 경우 알칼리제를 더하면 괜찮음.

● 3대 알칼리제(탄산소다, 세스퀴소다, 베이킹소다)

특기

• 비누를 쓸 정도는 아닌 가벼운 산성 오염물.

• 순비누의 보조제로서 비누액의 알칼리성을 지킴. 산성 때가 심하면 비누액이 산성으로 기울어 때가 지워지지 않게 되므로 알칼리제를 더함(베이킹소다는 NG).

• 심한 기름때의 애벌 손질(가스레인지, 환기 팬, 플라스틱 제품)

• 문고리나 스위치의 손때

• 욕실 바닥과 벽, 욕조, 세면기 및 의자, 배수구 등의 때

• 입욕제(알칼리제는 혈행을 촉진)

• 소취제(땀, 신발 냄새, 장아찌 냄새 등)

- 연마제 · 충치 예방, 떫은맛 우려내기(베이킹소다)

특징 · 요령
- 기름때에 강함(주방의 끈적끈적한 때, 피지로 인한 때 등)
- 단백질 때에 강함(몸의 때, 먹다 흘린 자국, 혈액 등). 아미노산의 결합을 끊고 분해를 촉진함.
- 알루미늄 제품에는 사용하지 않음(부식되어 하얘짐. 삶아서 세척할 때 알루미늄 냄비는 사용하지 않음)

● **산소계 표백제(과탄산나트륨)**

특기
- 일반적인 세탁
- 식기나 천의 소독 살균, 표백
- 세탁조와 배수구 청소

특징 · 요령
- 순비누 및 액체 비누의 보조제(세정력을 높이는 물질)로 사용 가능. 단, 보조제로 이상적인 것은 탄산소다와 세스퀴소다임. 이것들이 없을 경우에만 산소계 표백제로 대체 가능.
- 산소계 표백제를 순비누가 아닌 비누와 함께 사용하면 먼저 비누와 반응하므로 충분한 표백 효과를 발휘하지 못함.
- 50℃ 전후에서 가장 높은 효과를 발휘하므로 뜨거운 물을 사용하거나 삶은 빨래에 사용함.
- 굳은 기름이나 진흙 오염, 실크나 울, 천연 염색, 금속 등의 세탁 및 청소에는 사용하지 않음.

● 산성제(구연산, 식초)

특기

- 물 주변의 칼슘이 굳은 하얀 때(싱크대, 수도꼭지, 거울, 욕조 등)
- 변기의 누런 때나 암모니아 냄새 소취
- 담뱃진 등 알칼리성 오염물과 소취
- 채소의 떫은맛 성분으로 생긴 냄비의 검은 때 제거 등
- 비누 세탁 후 유연제, 비누로 머리 감은 뒤의 린스
- 알칼리제로 청소한 뒤의 중화

특징 · 요령

- 칼슘을 제거하거나 알칼리성 때를 중화해 제거하기 쉽게 만듦.
- 구연산은 휘발성이 없는 무취, 식초는 휘발성이 있는 자극적 냄새가 남.
- 구연산은 마르면 결정이 남으므로 물로 씻어내거나 물수건으로 닦아내야 함.
- 식초는 소취 · 정균 작용을 함.

광고보다 성분표시를 확인합시다!

'비누와 합성세제의 차이를 잘 모르겠어', '에코·식물성·천연·친환경적 등의 카피가 쓰여 있는데, 이건 괜찮을까?'라고 생각한다면, 상품을 뒤집어 성분표시를 확인합시다. 옆의 표시는 실제 몇 가지 주방용·세탁용 비누 제품(좌)과 합성세제(우)를 비교한 것입니다. 합성향료 등은 확실히 표시되지 않은 것도 있지만, '플로럴계 향기' 등이라 쓰여 있으면 틀림없이 향기 성분이 들어간 것입니다. 불필요한 것이 들어가지 않은 비누 제품을 사용합시다.

또 옆의 예처럼 비누(100% 비누 바탕)라도 여러 화학물질을 첨가한 상품도 있습니다. 이른바 화장비누에 참가된 성분 때문에 염증이 생기는 경우도 있으니 주의가 필요합니다.

비누의 표시 예시

품명	주방용 비누		
용도	식기 · 조리 도구용	액성	약알칼리성
성분	순비누분(28% 지방산칼륨)		

품명	세탁용 비누(가루 or 고형)
성분	순비누분(98% 지방산나트륨)

품명	세탁용 비누		
용도	면 · 마 · 합성섬유용	액성	약알칼리성
성분	순비누분(61% 지방산나트륨), 알칼리제(탄산염)		

품명	세탁용 비누		
용도	면 · 마 · 레이온 · 합성섬유용	액성	약알칼리성
성분	순비누분(40% 지방산칼륨, 지방산나트륨)		

합성세제의 표시 예시

품명	주방용 합성세제		
용도	채소 · 과일 · 식기 · 조리 도구용	액성	중성
성분	계면활성제(16%, 알킬에테르황산에스텔나트륨, 알킬아민옥시드, 지방산알카놀아미드)		

품명	주방용 합성세제		
용도	채소 · 과일 · 식기 · 조리 도구용 · 스펀지 · 플라스틱제 도마(살균용)	액성	약산성
성분	계면활성제(36%, 고급 알코올계(음이온), 알킬히드록시술포베타인, 디알킬술포석신산나트륨), 안정화제, 금속 봉쇄제, 살균제		

품명	세탁용 합성세제		
용도	면 · 마 · 합성섬유용	액성	약알칼리성
성분	계면활성제(22%, 직쇄 알킬벤젠술폰산나트륨, 폴리옥시에틸렌알킬에테르), 알칼리제(탄산염), 연화제(알루미노규산염), 공정제(황산염), 분해제, 형광증백제, 효소		

품명	세탁용 합성세제		
용도	모 · 면 · 견(실크) · 마 · 합성섬유용	액성	중성
성분	계면활성제(22%, 폴리옥시에틸렌알킬에테르), 안정화제, 유연화제		

품명	100% 식물성(비누 바탕) 고형 비누
성분	비누 바탕, 밤지방산, 글리세린, 향료, 글루콘산Na, 스테아린산Mg, 물, 에티드로닉산, 염화Na, 산화티탄, 펜테틱산5Na, PEG-6, BHT

Part 2

청소
주방, 거실, 화장실, 욕실

집 안 청소를 할 때도 세제를 사용할 필요가 없습니다. 알칼리제, 산소계 표백제, 산성제만 있다면 어디든 깨끗하게 만들 수 있습니다.

청소의 첫 단계는 알칼리제

집 안의 때는 거의 산성이므로 중화하면 제거됩니다. 여기서 등장하는 것이 알칼리제입니다. 알칼리가 때 속 유지와 반응하면 유지가 비누(계면활성제)로 변합니다. 비누로 변한 유지는 더 이상 때가 아니라 때를 제거하는 도구가 되어 다른 때도 제거합니다.

앞에서도 말했지만 이 책에서는 탄산소다, 세스퀴소다, 베이킹소다를 '3대 알칼리제'로 정하고 사용합니다. 자연계에 존재하는 무기물이므로 하천이나 바다를 더럽히지 않으며, 환경이나 인체에도 무해합니다. 단, 알칼리제를 사용할 때는 주의 사항을 염두에 두어야 합니다.

3대 알칼리제 만드는 법

탄산소다(탄산염) / 세스퀴소다(알칼리 워시) / 베이킹소다(탄산수소나트륨, 중탄산소다)

- 탄산소다수 스프레이(물 500ml + 탄산소다 1/2작은술)
- 세스퀴소다수 스프레이(물 500ml + 세스퀴소다 1작은술)
- 베이킹소다수 스프레이(미지근한 물 500ml + 베이킹소다 2큰술)
  물에 잘 녹지 않으므로 미온수에 녹임
- 탄산소다수 양동이(미지근한 물 5L + 탄산소다 1/2큰술)
- 세스퀴소다수 양동이(미지근한 물 5L + 세스퀴소다 1큰술)

두번째는 비누의 힘 빌리기

알칼리제로 제거되지 않는 때를 지울 때는 비누를 등장시킵시다. '비누를 썼는데도 때가 안 지워지네. 역시 합성세제를 쓰는 게 편해'라고 생각한 적은 없는지요? 때가 빠지지 않는 이유는 사용법이 틀렸거나 비누 양이 적기 때문입니다. 비누는 사용법만 잘 지키면 합성세제보다 훨씬 안전하게 때를 뺄 수 있습니다.

알칼리제와 비누의 조합도 청소의 든든한 아군입니다.

비누 만드는 법

- 액체 비누
  (40℃ 정도의 따뜻한 물 200ml + 가루비누, 또는 순가루비누 2큰술)
  입구가 넓은 병에 넣어 잘 섞는다. 뚜껑을 덮고 흔들어도 OK. 설거지, 유리창, 환기 팬, 화장실 청소, 세차 등 비누로 닦을 수 있는 거라면 무엇에든 사용 가능하다.
- 거품 비누
  액체 비누에 물을 조금씩 더해가며 거품을 잘 내면 몽글몽글한 머랭 상태가 된다. 방충망 청소에 쓰면 편리.
- 베이킹소다 거품 비누(물 50ml + 베이킹소다 1작은술 + 순가루비누 1큰술)
  섞은 다음 몽글몽글하게 거품을 낸다. 비누의 세정력은 떨어지지만, 베이킹소다 가루가 크림 클렌저처럼 작용한다.

※순가루비누는 인터넷에서 구입할 수 있다.

산소계 표백제 활용하기

식기와 행주 소독 살균, 표백에는 산소계 표백제(과탄산나트륨)를 선택합시다. 산소계 표백제는 자극적인 냄새가 없으며 색깔 옷 세탁에도 사용 가능합니다. 사용 후 배출되는 물 또한 친환경적이어서 세탁조 및 배수구 청소에도 사용합니다.

산소계 표백제 만드는 법

- 크림 표백제(비누와 산소계 표백제를 1:1 비율로 섞고 물을 적당량 부음)
  물을 조금씩 넣어가며 크림 상태의 거품을 낸다.

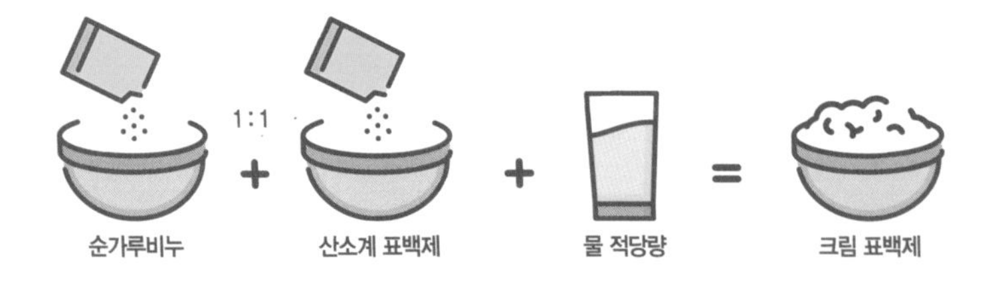

산성제에도 도전하자

알칼리제를 잘 다루게 되었다면 이번에는 산성제도 사용해봅시다. 산성제인 구연산과 식초는 칼슘을 녹이고, 알칼리성 때를 중화해 제거하기 쉽게 만듭니다.
구연산은 마르면 결정이 남으므로 사용한 후에는 물을 흘려 씻거나 물수건으로 닦아내야 합니다. 앞에서 말했듯 식초는 살균 작용을 하는 것은 아니지만 소취·정균 작용을 합니다. 사용하는 식초는 순쌀 식초가 안심됩니다. 초밥용 식초는 설탕 등이 들어 있으므로 안 됩니다.

산성제 만드는 법

- 구연산 스프레이(물 250ml + 구연산 2작은술, 어둡고 서늘한 곳에 2주간 보관 가능)
- 식초 스프레이(물 150ml + 식초 50ml, 4주간 보관 가능)

한눈에 보는 천연 세제 만드는 법

● 3대 알카리제

❶ 부엌의 끈적한 기름때, 문고리나 스위치 손때

❷ 욕실 청소 및 베란다 바닥 청소

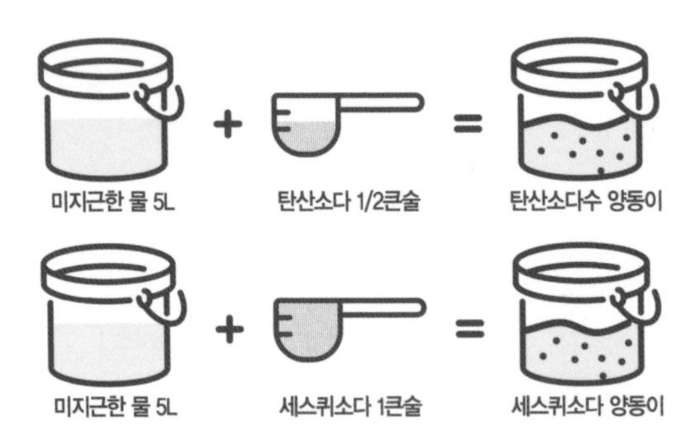

● **비누**

❶ 집 안 청소나 설거지

❷ 방충망 청소

● **산성제**

• 화장실 냄새 등 소취 작용

각각의 특기와 사용상 주의 사항

● 알칼리제(탄산소다염, 세스퀴소다, 베이킹소다)

특기

- 부엌의 끈적끈적한 때(가스레인지, 환기 팬, 플라스틱 제품)
- 문고리나 스위치, 전화기 표면의 손때
- 욕실 바닥 및 벽, 욕조, 세면기 및 의자 등의 때
- 베이킹소다는 그 자체로 연마제로 사용 가능
- 베이킹소다는 배수구 막힘과 소취에 사용

주의 사항

- 알칼리제는 단백질을 녹이는 작용을 하므로 서툰 사람은 고무장갑을 사용한다.
- 가루나 액체가 눈에 들어가면 맑은 물로 잘 씻어내고, 아플 경우 병원에 간다.
- 피부에 묻어 미끈거림이 사라지지 않으면 일단 물로 잘 씻는다. 그래도 미끈거리면 식초나 구연산액을 뿌려 중화한 다음 물을 흘려 씻는다.
- 알루미늄제 식기와 냄비는 검게 변색되므로 사용하지 않는다.
- 다다미 및 골풀 돗자리 등은 섬유 속 단백질이 반응해 누레지는 경우가 있다.
- 만들어둔 청소용 스프레이수(水)는 1개월 사용을 기준으로 한다. 가능한 한 어둡고 서늘한 곳에 보존한다.
- 베이킹소다(탄산수소나트륨)에는 '식용'과 '공업용'이 있다. 청소할 때는 가격이 싼 공업용을 쓴다.
- 베이킹소다는 물에는 잘 녹지 않으므로 미지근한 물에 녹인다. 충분히 녹지 않으면 스프레이 노즐이 결정화된 물질 때문에 막힐 수 있으니 주

의한다.

- 베이킹소다는 입자가 크므로 연마제로 사용 가 흠집이 생기기 쉬우니 주의가 필요하다.

● 비누

특기
- 청소, 설거지

주의 사항
- 비누는 식초, 케첩, 소스, 마요네즈, 과즙 등 산미가 있는 것에 닿으면 물에 녹지 않는 '비누 찌꺼기'로 변해버리고 세정력을 잃는다. 산미가 있는 성분은 설거지 전에 미리 물로 닦거나 기름 먹인 천으로 닦아둔다.
- 주방용 고체 비누에는 보조제를 첨가하지 않은 것도 있다. 때에 비해 비누분이 적으면 비누 찌꺼기가 발생해 식기에서 끈끈한 느낌이 들 수 있다. 그럴 경우 스펀지를 잘 씻은 다음 다시 한번 비누를 묻혀 닦아내거나 액체 비누를 사용하면 좋다.

● 산소계 표백제(과탄산나트륨)

특기
- 식품 및 천의 소독 살균, 표백
- 세탁조 청소 및 배수구 청소

주의 사항
- 산소계 표백제는 액체와 가루, 두 종류. 액체 타입(과산화수소)은 pH6의 산성으로, 옥시돌 성분. 가루(과탄산나트륨)보다 표백력이 약함(이 책에서는 가루를 소개함).
- 산소계 표백제는 온도가 중요. 행주 등에 묻히려면 40~45℃, 세탁조 청소에는 50℃ 정도. 50℃ 이상의 고온으로는 쓰지 않는다.

- pH가 높으므로 취급에 주의. 손을 씻어도 끈끈함이 남으면 식초 및 구연산을 손에 뿌리고 흐르는 물에 닦는다.
- 보관할 경우 물이 닿지 않도록 한다.
- 스테인리스 스틸 이외의 금속 용기에는 넣지 않는다.
- 염소계 표백제(차아염소산나트륨, '하이타'나 '블리치')는 pH11의 알칼리성. 산과 섞으면 염소 가스가 발생해 매우 위험함. 구연산 및 식초는 산성이므로 함께 사용해서는 안 된다.

● 산성제(구연산, 식초)

특기
- 물 주변의 칼슘이 굳은 하얀 때(싱크대, 수도꼭지, 거울, 욕조 등)
- 화장실의 누런 때나 암모니아 냄새 소취
- 담뱃진 등 알칼리성 오염 제거 및 소취
- 채소의 떫은맛 성분으로 생긴 냄비의 검은 때 제거 등
- 알칼리제로 청소 후 중화

주의 사항
- 구연산 및 식초는 산성이므로, 염소계 표백제와 섞으면 유해 가스가 발생한다.
- 철 제품은 녹이 생기고 대리석은 산에 녹으므로 주의.
- 곡물 식초는 유전자 변형 가능성이 높으므로 국산 쌀 식초를 사용한다. 곡물을 원료로 한 양조 알코올로 만든 화이트 비니거는 원료로 쓰인 옥수수 등의 유전자를 변형했을 가능성이 높으므로 사용하지 않는다(유전자 변형이 아니라고 확실히 쓰여 있으면 사용해도 무방).

공간별 청소①
주방

1 | 식기

설거지할 때 주방 세제를 쓰면 물 때문에 농도가 옅어져 세정력이 약해지고 거품도 쉽게 사그라들어 많이 쓰게 되므로 비경제적입니다. 액체 비누나 고체 비누가 가장 좋습니다.

비누로 설거지하는 데는 약간의 요령이 필요합니다. 이것을 모르면 때가 잘 안 지워집니다. 비누가 물에 닿으면 비누분이 엷어질 뿐 아니라 그때까지 갖고 있던 때가 떨어져나가 다시 식기에 붙어버립니다. 이를 방지하려면 다음과 같이 설거지합시다.

① 식기에 붙은 여분의 오염물을 물로 싹 흘려버린다.

② 비누 거품을 낸 스펀지로 하나씩 닦고, 거품이 묻은 식기는 헹구기 전까지 물이 닿지 않는 곳에 두어 때가 다시 붙는 것을 방지한다.

③ 헹굴 때는 흐르는 물에 하나씩 씻는다.

합성세제에 익숙했던 사람은 처음 얼마간 손에서 식기가 미끄러지기 십상이므로 식기를 떨어뜨리지 않도록 주의를 기울여 씻으세요.

설거지에 쓰는 고체 비누

저는 조금 큰 유리병이나 스테인리스 스틸 컵에 고체 비누를 담아 주방에 놓아둡니다. 스펀지도 그 안에 함께 넣어둡니다. 스펀지를 꾹꾹 눌러 거품을 내고 설거지하기 딱 좋습니다.
스펀지의 수분으로 비누가 녹고, 액체 비누가 자연스럽게 밑바닥에 고입니다. 그것도 사용합니다. 사용이 끝나면 스펀지를 잘 씻어서 넣어두세요.

2 | 식기 표백

40℃ 정도의 따뜻한 물 2L, 산소계 표백제 2작은술~1큰술을 녹여 식기를 1시간 정도 담가둡니다. 표백이 끝나면 물로 씻어냅니다.

3 | 유리 식기

유리 식기가 불투명한 것은 합성세제 성분이 남아 있기 때문입니다. 비누로 설거지하다 보면 차차 나아집니다. 신경 쓰인다면 베이킹소다 거품 비누로 닦아내세요. 투명감이 살아납니다.

4 | 찻주전자 물때

베이킹소다 거품 비누로 문질러 닦습니다. 베이킹소다만으로 때가 지워지기도 합니다.

5 | 냄비의 눌은 때

베이킹소다는 작은 입자를 살린 클렌저로 사용 가능하지만, 심하게 눌어붙었을 때는 다음과 같은 방법을 씁니다.

① 눌어붙은 냄비에 물을 붓는다.

② 베이킹소다(또는 산소계 표백제) 2작은술을 넣은 다음 10분 정도 팔팔

끓인다.

③ 중간에 주걱 등으로 저어가며 눌어붙은 자국을 지운다. 화상에 주의할 것.

④ 불을 끄고 잠시 그대로 두었다가 물로 헹군다(도중에 나오는 거품이 눌은 때를 벗겨내 제거한다).

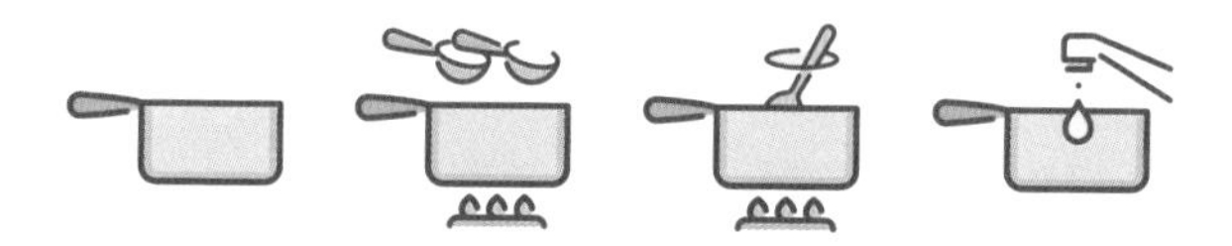

6 | 찻주전자 삼각대

물 6L + 비누 1큰술로 삶아 씻습니다.

① 스테인리스 스틸 냄비에 물 6L를 담고 불에 올린다.

② 조금 따뜻해지면 비누 1큰술을 넣고 잘 섞는다. 이 경우에는 거품을 많이 낼 필요는 없다.

③ 삼각대를 넣고 20분 정도 끓인 다음 불을 끈다.

④ 식을 때까지 그대로 두었다가 나중에 물로 씻는다.

7 | 행주(삶기)

찻주전자 삼각대와 같은 요령으로 삶아 씻습니다.

8 | 도마, 식기 건조대

구연산이나 식초 스프레이를 도마 및 식기 건조대에 뿌리고 키친타월 등으로 문지른 다음 물로 헹굽니다.

9 | 가스레인지

탄산소다수 스프레이, 세스퀴소다수 스프레이, 베이킹소다수 스프레이(154페이지)를 가스레인지에 뿌리고 닦아냅니다. 끈적이는 때, 기름때에는 베이킹소다를 뿌리고 잠시 두었다가 기름과 잘 섞이면 걸레 등으로 문지릅니다. 단, 흠집이 생기기 쉬우므로 주의하세요.

10 | 싱크대 · 벽 · 냉장고 손잡이

탄산소다수 스프레이, 세스퀴소다수 스프레이, 베이킹소다수 스프레이를 뿌려 닦아냅니다. 오염이 심할 경우 베이킹소다 거품 비누(155페이지)를 사용합니다.

11 | 스테인리스 스틸 싱크대, 수도꼭지

물때 및 칼슘이 굳은 하얀 때 제거에는 산성제를 사용합니다.

① 키친타월을 구연산이나 식초로 적신다.

② ①을 때가 있는 부분에 넓게 덮어둔다.

③ 한동안 두었다가 칫솔 등으로 문질러 닦는다.

12 | 냉장고(소취)

병이나 천 주머니에 베이킹소다를 가루 그대로 넣어 냉장고 안에 두는 것으로 끝. 약 1개월 후 새로운 것으로 교환합니다. 오래된 베이킹소다는 배수구 청소 등에 사용합니다.

13 | 배수구(베이킹소다 사용)

① 배수구에 뜨거운 물을 흘려 따뜻하게 만든다.

② 약 1컵의 베이킹소다를 배수구에 붓는다.

③ 그 위에 뜨거운 물(혹은 식초)을 흘리면 거품이 일어난다.

④ 거품이 일어난 상태로 30분~3시간 정도 둔다. 그 후에 뜨거운 물을 단숨에 붓는다.

※ 들러붙어 미끈거리는 때는 다 쓴 칫솔로 문질러 닦는다. 정기적으로 하면 소취 효과가 있고 막히는 것도 예방할 수 있다. 오염과 냄새가 심할 때는 산소계 표백제를 사용하는 것이 좋다. 완전히 막혔을 때는 고무 압축기(뚫어뻥) 등을 사용한다.

14 | 배수구(산소계 표백제 사용)

① 우선 배수구 안의 찌꺼기 등을 청소해둔다.

② 뜨거운 물을 배수구에 부어 따뜻하게 데운다.

③ 산소계 표백제를 2~3큰술 뿌린다.

④ 여기에 뜨거운 물 400ml를 조금씩 붓는다(거품이 생김). 그대로 하룻밤 두었다가 다음 날 아침 뜨거운 물로 헹군다.

15 | 유리창

베이킹소다 거품 비누(155페이지)를 사용합니다. 유리창을 닦은 다음 물을 뿌리거나 물수건으로 닦습니다. 유리창은 마지막에 식초수를 뿌려 중화한 다음 물수건으로 한 번 더 닦으면 완벽하게 반짝반짝해집니다.

※ 베이킹소다 거품 비누에 식초를 섞는 조합을 소개하기도 하는데, 세정력이 떨어지므로 넣지 않는 것이 좋습니다.

※ 숨겨진 비법으로, 음료용 탄산수(무당無糖)를 사용할 수 있습니다. 스프레이 용기에 담아 창문이나 유리에 뿌린 다음 닦아냅니다. 김이 빠졌더라도 효과는 그대로입니다.

공간별 청소②
거실

1 | 방 문고리 및 스위치, 전화기 표면의 손때

탄산소다수 스프레이(154페이지)를 뿌리고 천 등으로 닦아냅니다. 우선 걸레를 탄산소다수 양동이에 헹궜다 짠 다음 닦으며 청소합니다. 다 닦은 뒤에는 꽉 짠 다른 천으로 두 번 닦아냅니다. 세스퀴소다도 같은 방법으로 씁니다. 농도는 상태를 봐가면서 조절합니다.

2 | 마룻바닥

방 문고리 및 스위치 등과 같은 방법으로 탄산소다수를 이용합니다. 혹은 구연산이나 식초 스프레이(155페이지)를 뿌렸다 닦아내면 윤기가 납니다. 식초수는 개미 등의 벌레 침입도 막아줍니다.

3 | 가구

탄산소다수 스프레이를 뿌리고 천으로 닦아냅니다. 단, 흰 목재나 옻칠을 한 고가의 가구라면 눈에 띄지 않는 곳에 시험해본 다음 사용합시다.

4 | 카펫(소취)

밤에 청소기를 돌리고 베이킹소다를 여기저기 뿌립니다. 그런 다음 다음 날 다시 청소기를 돌립니다. 카펫 악취는 물론 청소기 속 악취도 잡을 수 있어 일석이조! 급할 경우 하룻밤이 아니라 2시간 정도 두었다가 청소기를 돌려도 괜찮습니다. 탄산소다와 세스퀴소다는 알칼리성이 강하므로 써서는 안 됩니다.

5 | 방충망

액체 비누(155페이지)에 물을 조금씩 더해가며 거품을 잘 내 거품 비누를 만듭니다. 머랭 상태가 되도록 만드는 것이 포인트입니다. 확실히 머랭 상태가 되면 물이 흐르지 않으니, 방충망에 바른 다음 닦아냅니다.

6 | 신발장(소취)

신발장 안의 모래나 흙, 먼지를 제거하고 베이킹소다를 병이나 천 주머니에 담아 넣어둡니다. 1개월 정도 지나면 새로운 것으로 교체하고, 오래된 것은 배수구 청소 및 싱크대 닦는 데 씁니다.

7 | 인형(소취)

비닐봉투에 인형을 담고 베이킹소다를 훌훌 뿌린 뒤 입구를 묶어 흔듭니다. 그런 다음 가루를 떨어내거나 청소기로 빨아들입니다. 마지막에 가볍게 물로 닦고 털 결을 정리해 그늘에서 말립니다.

공간별 청소③ 화장실·욕실

1 | 욕실 바닥, 벽, 욕조, 세면기, 의자

탄산소다수 혹은 세스퀴소다수 스프레이(154페이지)를 뿌리고 스펀지 등으로 문지른 다음 물로 헹굽니다. 물기를 닦아두면 물때가 끼는 것을 방지할 수 있습니다. 베이킹소다를 직접 훌훌 뿌리고 스펀지 등으로 닦은 뒤 따뜻한 물이나 찬물로 씻어내도 좋습니다. 물기는 가능한 한 닦아둡니다.

2 | 욕실 거울, 스테인리스 스틸 수도꼭지

산성 아이템도 활약합니다.

① 키친타월을 구연산이나 식초로 적신다.

② ①을 오염된 부분에 넓게 덮어둔다.

③ 잠시간 두었다가 칫솔 등으로 문지른다.

3 | 욕실 줄눈 및 타일, 패킹 표백

크림 표백제(152페이지)를 바르고 잠시 두었다가 물로 씻어냅니다.

4 | 세탁조 청소

3개월에 한 번, 최소 반년에 한 번은 청소합시다. 세탁조 청소 중에는 세탁물을 넣지 않습니다.

① 45~50℃의 뜨거운 물을 세탁기에 고수위까지 붓는다. 50℃ 이상으로는 하지 말 것.

② 산소계 표백제를 넣는다. 10L에 100g이 기준. 더러운 정도에 따라 증감한다.

③ 5분 정도 섞어 잘 녹인 다음 3시간~반나절 그대로 둔다.

④ 그런 다음 물을 따라 버리기를 두 번 반복한다. 오염이 남았다면 같은 방법으로 한 번 더 한다.

5 | 변기

구연산 스프레이나 식초 스프레이를 뿌리고 브러시로 문질러 물로 헹굽니다. 변기 의자 등은 화장지를 구연산물이나 식초물에 담갔다가 덮어두고 한동안 방치해둔 다음 문질러 닦습니다. 소취 효과도 있습니다.

수제 벌레 방지 스프레이 만드는 법

●허브와 식초로 벌레 방지

허브로도 벌레를 막을 수 있다. 식초는 간지러움이나 부기를 가라앉히는 작용이 있으므로 벌레에 쏘였을 때도 사용한다.

준비물 좋아하는 무농약 허브(민트, 레몬밤, 로즈메리, 라벤더 등) 20~30g, 깨끗이 씻은 유리병, 유리로 만든 스프레이 통(휴대용), 식초(적당량)

만드는 법 ① 병에 식초를 적당량 넣는다.

② 좋아하는 허브를 넣고 2주간 담가둔다.

③ 유리로 만든 스프레이 통에 ②의 액체만 담아 휴대한다.

사용법 피부에 뿌리면 모기, 벌, 개미 등을 퇴치할 수 있다. 타월 등에 적셔서 피부를 닦거나, 목에 걸어도 좋다. 실내의 가구 및 바닥에 뿌려도 무방하다. 단, 실외에서는 효과 지속 시간이 짧으므로 자주 뿌린다.

※ 허브를 넣은 식초병은 냉장고에서 1년 동안 보존할 수 있다. 남으면 다음의 용도로 사용한다.

비누 세탁의 마무리 헹굼, 욕실 거울의 김 서림 방지, 변기 청소, 담배 냄새 제거. 이 밖에 물을 타 연하게 해서 꽃이나 채소에 뿌리면 좋다.

한 눈에 보는 공간별 청소법

❶ 주방

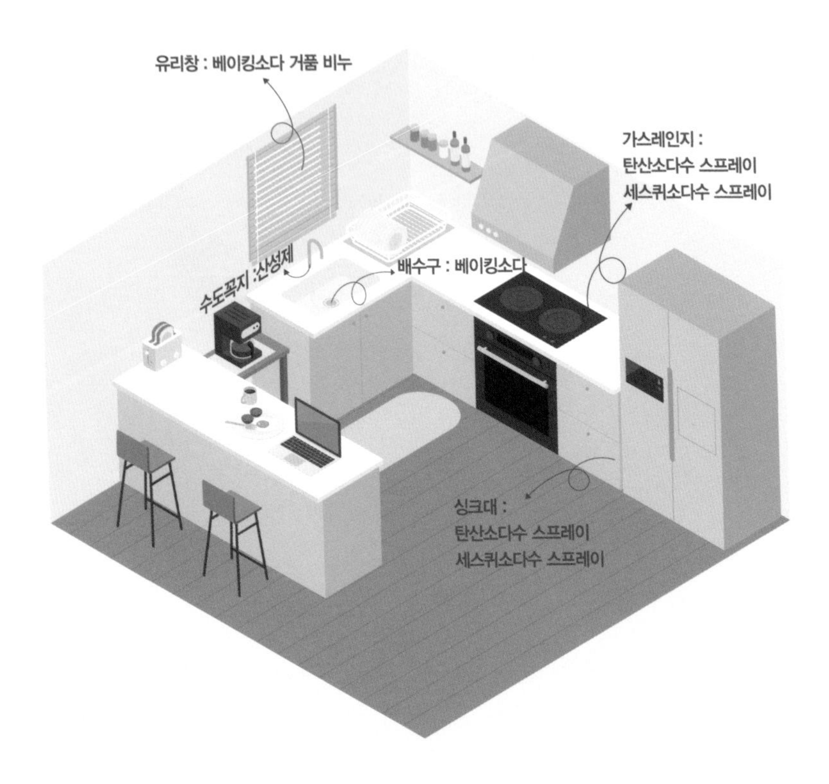

❷ 거실

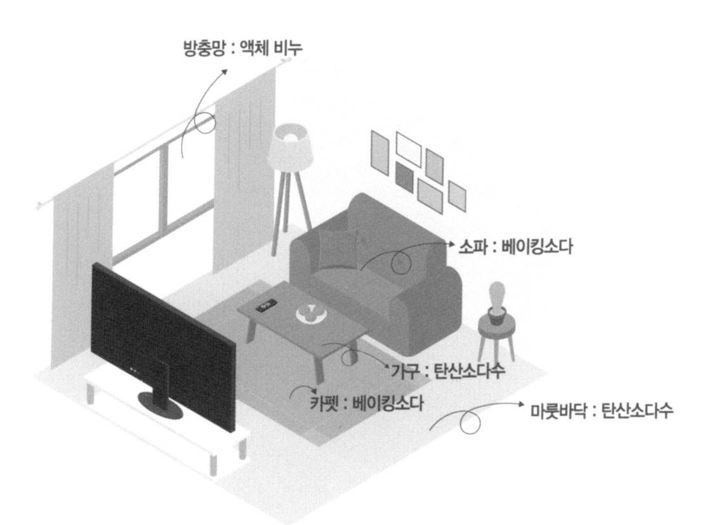
방충망 : 액체 비누
소파 : 베이킹소다
가구 : 탄산소다수
카펫 : 베이킹소다
마룻바닥 : 탄산소다수

❸ 욕실&화장실

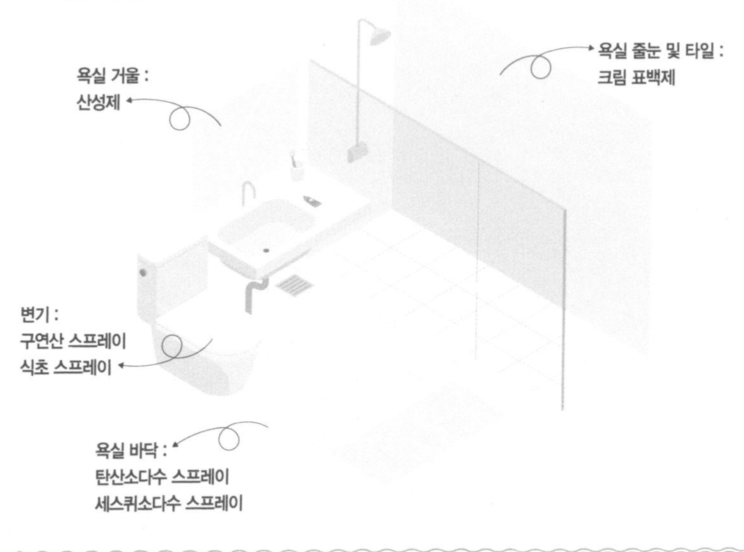
욕실 거울 :
산성제
욕실 줄눈 및 타일 :
크림 표백제
변기 :
구연산 스프레이
식초 스프레이
욕실 바닥 :
탄산소다수 스프레이
세스퀴소다수 스프레이

Part 3

세탁

피부에 직접 닿는 옷을 깨끗하고 안전하게 세탁하는 것은 무엇보다 신경 써야 하는 일입니다. 합성 세제를 사용하지 않고 깨끗하게 세탁할 수 있는 법을 알아볼까요?

순비누가 아닌 비누를 추천

세탁에 가장 추천하는 것은 pH.9.0~10.5인 '비누'. 그것도 '순비누'가 아니라 탄산소다를 더해 세정력을 높인 '비누'입니다.

고형, 가루, 액체 중 세탁에 가장 적합한 것은 가루비누입니다. 액체 비누는 고형 및 가루에 비해 세정력이 조금 떨어지므로, 세탁 한 번에 필요한 양에 비해 값이 비싼 편입니다. 반면 가루비누는 한 봉지(3kg)만 있으면 약 100회 세탁할 수 있습니다. 세정력도 우수합니다. 약간의 요령만 익히면 안전하고 친환경적일 뿐 아니라 때가 만족스럽게 빠지며 폭신폭신한 느낌도 낼 수 있습니다.

액체 비누가 편해서 더 좋다는 분은, 다소 비경제적이라는 점, 가루비누보다 세정력이 조금 떨어진다는 점을 받아들입시다. 개인적으로는 울 등 멋 내기용 옷을 세탁할 때나, 세탁 도중 거품이 잘 나지 않을 때 액체 비누를 추가로 사용합니다. 액체 비누의 세정력을 높이고 싶을 때는 탄산소다를 더하면 좋습니다.

비누 세탁 후 하수는 물과 이산화탄소로 분해됩니다. 하수에 섞인 비누 찌꺼기는 하천으로 흘러들어도 물을 오염시키는 일이 적으며, 미생물과 물고기의 먹이가 됩니다. 합성세제와는 큰 차이가 나는 부분입니다. 인터넷에 가루비누라고 검색하면 합성세제 가루비누도 같이 나오므로 성분을 살펴보고 구입합시다. 책에서 말하는 가루비누는 합성 계면활성제를 포함하지 않은 비누입니다.

세탁비누 사용법

- 6kg의 세탁물

→ 20℃의 따뜻한 물 30L + 탄산소다를 배합한 가루비누 30g

가벼운 오염은 알칼리제 단독 사용으로 제거 가능

가볍게 오염된 세탁물은 알칼리제(탄산소다, 세스퀴소다)만 단독 사용해도 괜찮습니다. 담가두었다 빠는 것이므로 힘이 들지도 않습니다. 물에 잘 녹아 따뜻한 물을 사용할 필요도 없어 경제적입니다. 헹구는 것도 한 번이면 OK. 기름때 제거는 탄산소다보다 세스퀴소다가 낫습니다. 베이킹소다는 세탁용으로는 적합하지 않습니다.

알칼리제 세탁법

- 물 30L + 탄산소다 1작은술~1큰술
- 물 30L + 세스퀴소다 2작은술~1큰술

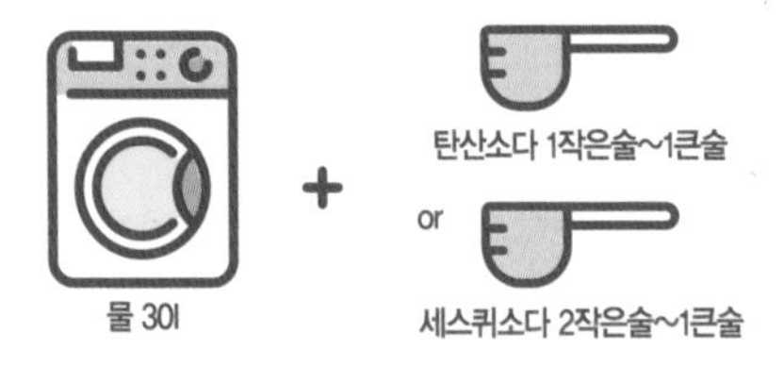

- 탄산소다수 스프레이(물 500ml + 탄산소다 1/2작은술)
- 세스퀴소다수 스프레이(물 500ml + 세스퀴소다 1작은술)

표백은 산소계 표백제로

세탁에 산소계 표백제(과탄산소다)를 사용할 때, 많은 사람들이 잘못된 방법으로 사용하는 듯합니다. 세탁할 때 세제와 함께 넣으면 거무스름하거나 누르스름하던 색깔이 하얘질 거라 생각하지는 않습니까? 사실 산소계 표백제는 세제와 함께 사용하면 먼저 세제 속의 비누분과 반응하므로, 빨래가 충분히 '표백'되지 않습니다. 또 비누를 사용할 때 확실하게 거품이 날 정도의 양을 쓰면 처음부터 의류가 누레지거나 거무스름해지는 일이 없습니다.

산소계 표백제가 효과를 발휘하는 건 세제가 아닌 순비누와 함께 사용했을 때입니다. 1~2작은술을 넣으면 세정력이 높아집니다.

산소계 표백제 세탁법

- 40~50℃의 따뜻한 물 30L + 산소계 표백제 2큰술

헹굼은 산성제(구연산·식초)로

비누로 세탁한 의류는 합성세제처럼 유연제를 사용할 필요가 없습니다. 그러나 의류에 남은 알칼리 성분을 산(구연산, 식초)으로 중화하면 비누 찌꺼기가 제거되며 부드럽게 마무리됩니다. 또 장기간 보관해둘 의류에 쓰면 누렇게 변색되는 것을 방지할 수 있습니다. 헹굼 마지막 단계에 넣어주세요. 식초 냄새는 바로 사라지니 안심하세요.

산성제 세탁법

- 물 30L + 구연산 $^{1}/_{3}$작은술(또는 쌀 식초 소주잔 1잔 정도)

각각의 특기와 사용상 주의 사항

● 비누

특기
- 세탁 전반

주의 사항
- 세탁할 때 최고의 비법은 '거품 내기'. 의류에 비해 비누가 부족하지 않게 할 것. 적은 거품으로는 때가 충분히 빠지지 않음.
- 우지와 라드 등 동물성 유지가 원재료인 비누는 냉수에는 잘 녹지 않음. 적정 온도는 40℃ 이상. 세정력이 매우 뛰어남.
- 폐유나 쌀겨 등 식물성 유지가 원재료인 가루비누는 20℃ 이상이 적정 온도.

● 알칼리제(탄산소다, 세스퀴소다)

특기
- 순비누로 세탁할 때의 보조제(알칼리제를 더하는 것만으로 세정 효과가 높아지므로, 비누 양을 줄일 수 있음).
- 기본은 담가두었다 빨기(가벼운 오염은 단독 사용만으로도 OK. 핏자국 제거 효과 좋음. 심한 기름때의 밑 손질용으로 사용).

주의 사항
- 세탁할 때 알칼리제가 너무 많으면 옷이 끈적거리거나 냄새가 날 수 있다. 그럴 경우에는 헹구는 횟수를 늘리거나, 마지막 헹굼물에 구연산이나 식초를 소량 넣어 중화한다.
- 담가두었다 빠는 것이므로 양모나 견, 폴리에스테르, 나일론 등 화학섬유, 색깔이 빠지는 것에는 사용하지 않는다.
- 드럼 세탁기 중 물 양이 적게 설정된 기계는 물 양을 많게 조정하거나 헹구는 횟수를 늘린다.

● 산소계 표백제

특기	• 보통의 오염
주의 사항	• 40~50℃ 정도의 뜨거운 물에서 효과가 나타남. 세탁 시간은 15~20분. • '순비누'가 아닌 세제와 함께 쓰면 세제 안의 비누분과 먼저 반응하므로 충분한 표백 효과가 발휘되지 않음. • 양모, 실크에는 사용하지 않음. 금속과 반응하므로 금속 단추나 지퍼가 달린 의류는 주의한다. • 세탁조 클리너로 쓰이기도 하는 산소계 표백제는 세탁 중 세탁조의 검은곰팡이를 벗겨내기도 한다. 이때 벗겨낸 곰팡이가 의류에 붙기도 하므로 사전에 세탁조를 제대로 청소해둔다.

● 산성제(구연산, 식초)

특기	• 비누 세탁 후 헹굼
주의 사항	• 산성인 구연산은 염소계 표백제와 섞으면 유해 가스가 발생한다. • 합성세제, 합성 비누로 세탁한 의류에는 구연산이나 식초를 사용하지 않는다.

상황별 세탁① 평상시 세탁

1 | 세탁기 세탁

비누 세탁할 때는 우선 가루비누와 따뜻한 물만 세탁기에 넣고 10분 정도 돌려 거품을 충분히 낸 다음 빨랫감을 넣는 것이 가장 좋지만, 처음부터 빨랫감을 넣어도 괜찮습니다. 단, 이런 경우 수온을 조금 높여 35℃ 정도로 설정합니다.

① 세탁기에 세탁물을 넣는다.

② 가루비누를 전체적으로 구석구석까지 뿌린다(순비누+탄산소다도 괜찮음).

③ 수온을 35℃ 정도로 조정해 빨래 시작. 세탁은 10~14분, 충분히 거품이 생겼는지 확인한다. 세탁기가 세탁하는 도중에 쭉 거품이 있어야 한다는 것이 포인트. 미리 거품부터 만들었다면 세탁은 7~10분으로 OK.

2 | 거품은 손으로 잡힐 정도로, 빨랫감은 헤엄치도록

비누는 거품이 확실히 생길 정도의 양을 사용하는 것이 포인트(거품이 손으로 잡힐 정도). 그래야 세정력을 발휘합니다. 그리고 세탁물은 세탁조 안에서 헤엄치지 못할 정도로 너무 꽉 채우지 않습니다. 세탁조의 2/3 정도가 적당합니다. 이렇게 세탁하면 빨랫감이 누레지거나 거무스름해지거나 냄새가 나지 않습니다. 거품이 딱 알맞게 생겼을 때 추가 빨랫감을 넣거나, 수온이 너무 낮아 비누가 충분히 녹지 않으면 실패입니다. 도중에 거품이 줄어들었다면 액체 비누나 가루비누를 훌훌 흩뿌리듯 추가합니다. 이럴 경우 세탁 시간도 5분 정도 더 추가해야 합니다.

3 | 산소계 표백제 단독 사용

합성세제에서 비누 세탁으로 바꾼 직후나, 물의 경도가 높아 비누를 쓰기 어려운 지역에 추천하는 세탁법이 바로 산소계 표백제를 단독으로 사용하는 방법입니다. 단, 모나 견에는 쓸 수 없습니다. 금속과 반응하므로 천연 염색한 천, 단추, 지퍼 등이 붙은 의류는 주의해야 합니다. 물이 빠지기 쉬운 옷도 주의하세요. 강한 알칼리이므로, 마무리감이 딱딱하게 느껴지거나 끈적일 때는 구연산이나 식초로 헹굽니다(178페이지). 고온에서 위력을 발휘하므로 따뜻한 물을 사용합니다. 담가두었다 빨 필요 없습니다.

① 세탁기에 40℃ 정도의 물 30L +산소계 표백제 2큰술을 넣는다.

② 세탁물을 넣는다.

③ 세탁 15~20분, 헹굼 1회(드럼은 2회). 헹굼은 물로 OK.

상황별 세탁②
오염이 심한 경우, 가벼운 경우

1 | 진흙이나 땀으로 더러워진 세탁물

새까매진 아이 신발, 검게 변한 소매나 옷깃, 중고생 체육복, 현장 업무 유니폼처럼 흙이나 땀투성이 옷에는 단연 비누를 씁니다. 세탁기에 넣기 전, 우선 더러워진 부분에 고형 비누를 문지른 뒤 손이나 칫솔 등으로 가볍게 문질러둡니다. 시간이 없다면 비눗물을 담은 통에 담가두는 것만으로도 때가 빠집니다. 거품과 때가 확실히 마주하도록 하면 때는 빠집니다.

2 | 핏자국과 천 기저귀 세탁

속옷이나 면 생리대, 천 기저귀 등은 탄산소다(또는 세스퀴소다)를 녹인 물에 담가두었다가 나중에 보통 세탁물과 섞어 빨면 됩니다. 탄산염의 효과로 깨끗해지고 냄새도 잡힙니다. 탄산소다수 스프레이(154페이지)를 상비해두면, 오염된 부분에만 탄산소다수를 뿌려둘 수 있어 편리합니다.

작은 스프레이 용기에 담아 휴대했다가 외출 시 교환한 면 생리대에 뿌리면 귀가한 후 세탁하기 편합니다. 집에서는 뚜껑이 달린 작은 들통에 담가두면 따로 품이 들지 않습니다.

3 | 오염이 가벼운 세탁물

알칼리제를 단독으로 써도 됩니다. 알칼리제에 담가두었다 빨면 때가 빠집니다.

① 빨랫감과 동시에 알칼리제(탄산소다 또는 세스퀴소다)와 물을 세탁조(또는 세탁용 대야)에 넣고 가볍게 휘저어 섞은 다음 20분~하룻밤 정도 담가둔다.

② 세탁기 세탁은 1~5분으로 OK.

③ 헹굼은 1회.

알칼리제가 냄새를 제거해 방 안에서 말려도 냄새가 나지 않습니다.

상황별 세탁③ 누레지거나 냄새가 남았을 경우

1 | 세탁 후의 변색과 냄새

빨았는데도 옷이 누레지거나 냄새가 나는 건 세탁이 잘 안 됐다는 증거입니다. 비누 찌꺼기가 붙은 경우도 마찬가지입니다. 비누가 부족하거나 다 녹지 않으면 제대로 빨리지 않습니다. 비누 양을 충분히 하고 수온에 신경 쓰며 거품을 내서 빨면 문제가 없습니다.

누레졌거나 실내 건조 등으로 냄새가 난다면 햇빛에 말리거나, 삶아 빨거나, 혹은 산소계 표백제를 이용해 해결합시다.

- 삶아 빨기 – 물 6L + 비누 1큰술로 세탁합니다.

① 스테인리스 스틸 들통에 물 6L를 붓고 불에 올린다. 따뜻해지면 가루 비누 1큰술을 넣어 섞는다.

② 누레진 옷이나 행주를 넣고 20분 정도 삶은 뒤 불을 끈다. 그대로 두고 식을 때까지 방치한다.

③ 물에 빤다.

하얀 것부터 먼저 삶아 빱니다. 색깔이나 무늬가 있는 것은 나누어 삶아 빱니다.

• 산소계 표백제 – 50℃의 물 30L + 산소계 표백제 2큰술로 빨래합니다.

① 50℃의 물 30L와 산소계 표백제(과탄산나트륨) 2큰술을 넣는다.

② 누레진 옷을 1시간 정도 담가둔다. 물의 온도가 떨어지지 않아야 효과가 있으므로 뚜껑을 닫아 보온한다.

③ 물로 헹군다.

2 | 의류와 행주의 소독과 표백

물 6L + 비누 1큰술 + 산소계 표백제 1~2큰술로 세탁합니다. 보통 삶아 빨기는 100℃ 가까이 온도가 올라가지만, 산소계 표백제(과탄산나트륨)는 50℃ 정도에서 효과가 가장 좋습니다. 지나치게 자주 삶아 빨면 천이 상하므로 주의하십시오. 삶아 빤 물을 배수구로 흘려보내면 배수구 세정에도 좋습니다.

① 스테인리스 스틸이나 법랑 들통에 물 6L와 비누 1큰술을 넣고 잘 섞어 불에 올린다.

② 50℃가 되기 직전에 산소계 표백제를 1~2큰술 넣고 섞는다.

③ 소독·표백하려는 옷과 행주를 넣고 3~5분 정도 끓이다 불을 끈다. 그대로 식을 때까지 두었다가 물에 헹군다.

합성세제를 끊은 사람들의 체험기!!

서ㅇㅇ(30대)

첫째 아이 출산 준비를 하면서 합성세제의 유해성을 알고, 집안 세제를 싹 바꿨어요. 좋아하던 섬유유연제도 쓰지 않고요. 순비누가루로 세탁을 처음 했을 때는 향기로운 냄새도 나지 않고 뻣뻣한 느낌이 들어 생소했어요. 이제는 4년 가까이 합성세제를 쓰지 않으니 오히려 버스나 실내에서 섬유유연제 향이 나면 머리가 아프고 코가 간지럽더라고요. 인터넷에 순비누가루라고 치면 세탁에 사용할 수 있는 다양한 가루 세제가 나와요. 그중 성분을 잘 보고 고르면 됩니다. 상품명은 순비누가루라고 하고 성분을 보면 다른 것들이 섞인 것도 있으니 주의하세요. 설거지도 비누를 쓰다 보니 손이 거칠어지지도 않고 그릇도 깨끗하게 잘 닦여서 너무 만족하고 있어요. 인터넷에 '설거지비누, 디쉬바'라고 검색하면 수많은 상품이 나오니 이 또한 성분을 꼼꼼하게 따져서 잘 고르면 됩니다.

김ㅇㅇ(40대)

어느 날 갑자기 아이가 몸을 긁기 시작하고 몸에 붉은 반점이 나타났어요. 약을 바르고 먹어도 잠시 가라앉을 뿐 원인이 뭔지 알 수 없었어요. 한 달 넘게 아이가 고생하는 걸 지켜보면서 생활 속에서 문제될 게 없나 생각해봤어요. 그러다 문득 떠오른 게 세탁 세제였어요. 항상 쓰던 가루비누가 모두 떨어져 급하게 산 액체형 합성세제. 그거 외엔 없더라고요. 합성세제로 빨아둔 세탁물을 모두 꺼내 가루비누로 다시 빨았어요. 새롭게 빤 옷을 입은 지 며칠이 지나자 거짓말처럼 아이의 가려움증이 줄고 붉은 반점이 사라졌죠. 하루 종일 입고 있는 옷이 합성세제 덩어리였으니 아이가 얼마나 힘들었겠어요. 엄마인 제가 매일 아이에게 합성세제를 온몸에 덮어주고 있었다고 생각하니 눈물이 나더라고요. 그 이후로는 무슨 일이 있어도 합성세제는 쓰지 않아요.

Part 4

몸

보디, 샴푸, 입욕제 등

매일 몸에 쓰는 세제만큼 꼼꼼히 따져봐야 할 게 또 있을까요? 우리가 흔히 쓰는 보디 워시, 샴푸, 입욕제 모두 위험한 화학물질로 이뤄져 있습니다.

몸을 씻을 때는 순비누로

얼굴과 몸을 씻거나 머리를 감을 때는 순비누를 추천합니다. 주방용이나 세탁용 비누로 얼굴 혹은 몸을 씻으면 안 된다는 얘기는 아니지만, 지방 제거 효과가 강한 원료로 만들기도 하므로 피부에 자극을 줄 수 있습니다. 추천하는 것은 무향료이며 비누 성분이 98% 이상인 순비누입니다.

머리는 고형 순비누로도 감을 수 있지만, 비누 샴푸(액체)가 씻은 뒤 마무리감이 부드럽습니다. 비누 샴푸란 비누분이 주성분인 샴푸입니다. 합성 샴푸를 사용하고 파마와 염색을 반복한 머리카락을 비누로 감으면 뻣뻣해지지만, 3~6개월 정도 지속적으로 비누를 쓰면 좋아집니다. 신경 쓰인다면 처음에는 보습제가 첨가된 비누 샴푸를 사용하세요. 손상되어 약해진 머리카락도 순비누로 감으면 서서히 건강을 되찾습니다.

치약은 '천연 치약'을 사용합시다. 시판 치약에는 거품이 잘 나게끔 라우릴황산나트륨 등 합성 계면활성제, 방부제, 착색료, 불소, 자일리톨 등이 첨가되어 있습니다. 라우릴황산나트륨은 발암성이 있고 미각장애를 일으킨다고 합니다. 구강 점막은 무척 민감해 유해 물질을 눈 깜짝할 새에 몸 안으로 받아들이죠.

비누 샴푸

지방산나트륨, 지방산칼륨이 주성분인 샴푸. 거의 모든 상품에는 비교적 안전한 보습제와 금속 이온 봉쇄제(CMC), 산화방지제, 보존료, 천연향료 등의 첨가물이 배합되어 있다. 무첨가 비누 샴푸도 있다. 한국의 경우 비누 샴푸보다는 고체형 삼푸 바가 더 보편화되어 있다.

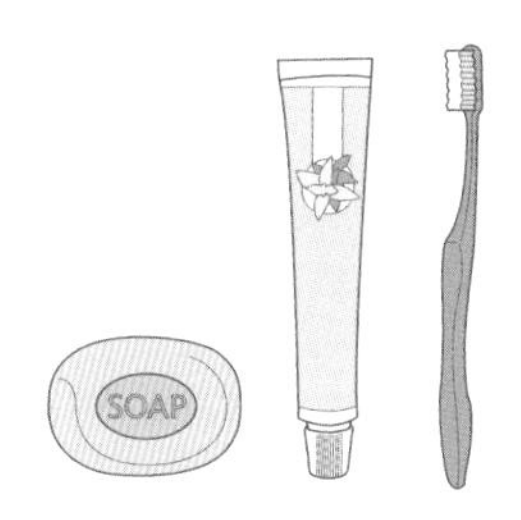

알칼리제는 입욕제로, 소취·방충 효과는 덤

시판 입욕제는 알칼리제와 합성향료 등 여러 첨가물로 이루어졌습니다. 3대 알칼리제는 혈행을 좋게 해 목욕 후 한기를 느끼지 않게 해주는 데다 입욕 후 욕조 청소도 편합니다. 남은 물은 세탁에도 사용할 수 있고, 배수구를 깨끗하게 해주기도 합니다.

베이킹소다와 구연산을 조합해 발포 입욕제(배스 봄)를 만들 수 있습니다. 알칼리제에는 소취와 방충 효과도 있습니다. 땀과 피지는 약산성이므로 약한 알칼리제를 사용합니다. 때와 함께 냄새도 중화할 수 있습니다. 모기는 땀 냄새를 맡고 몰려드는데, 중화된 피부에는 벌레가 모이지 않아 자연스럽게 방충이 됩니다.

알칼리제 활용법

입욕제

- 탄산소다 입욕제(따뜻한 물 + 탄산소다 1큰술 정도)
- 세스퀴소다 입욕제(따뜻한 물 + 세스퀴소다 2큰술)
- 베이킹소다 입욕제(따뜻한 물 + 베이킹소다 1줌 정도, 약 ½컵이 기준)

구강 청결제(양칫물)

- 베이킹소다수(미지근한 물 300~500ml + 베이킹소다 1작은술)

소취제

- 탄산소다수 스프레이(물 500ml + 탄산소다 ½작은술)
- 세스퀴소다수 스프레이(물 500ml + 세스퀴소다 1작은술)

※모두 154페이지와 동일. 작은 스프레이 용기에 넣어 휴대하다가 냄새를 없애고 싶을 때(면 생리대, 천 기저귀, 신발을 벗었을 때 등) 뿌린다.

- 베이킹소다(가루를 그냥 놓아두는 것만으로도 소취 효과가 있음)

벌레 방지 스프레이 → 169페이지 참조

구연산과 식초도 활용

순비누나 비누 샴푸로 머리를 감을 때 충분히 씻거나 헹구지 않으면 머리카락에 비누 찌꺼기가 남아 뻣뻣하고 끈적끈적하게 마무리될 수 있습니다. 그럴 때는 구연산이나 식초로 헹구면 괜찮아집니다. 또 감은 직후의 머리카락은 알칼리성으로 치우쳐 뻑뻑한 경우가 있습니다. 구연산이나 식초로 중화하면 뻑뻑한 느낌이 완화됩니다.

산성제 활용법

린스
- 헤어 린스(세면기에 가득 채운 물 + 구연산 1/2작은술 또는 소주잔 1잔 정도의 식초)
- 헤어 린스 스프레이(물 500ml + 구연산 1작은술 또는 식초 5~7ml)

발포 입욕제(배스 봄)
- 배스 봄(베이킹소다 3큰술 + 구연산 1큰술 + 무수에탄올 1작은술, 없으면 물)

※모두 섞어 1일 정도 두면 끝. 랩을 씌워 손으로 쥐어도 OK.

비누 치약과 일반 치약을 비교해보자!

대부분의 치약에 함유된 라우릴황산나트륨은 발암성과 미각장애 발병이 의심되는 위험한 화학물질입니다.

● 비누 치약

성분 : 탄산Ca(연마제) / 물 / 글리세린(습윤제) / 실리카(기제) / 비누 바탕(청정제) / 박하유(향료, 향미료) / 유칼립투스유(청량제) / 카라지난(점도제)

※한국에서 비누 치약을 구하기는 쉽지 않습니다. 천연 치약을 검색 후 성분을 따져보고 전성분이 안전한 제품을 고르세요.

● 일반 치약

성분 : 소르바이트액, PG, PEG4000(습윤제) / 무수규산A, 무수규산(청량제) / 야자유지방산아미도프로필베타인액, POE 경화 피마자유, POE 스테아릴에테르, 라우릴황산Na(발포제) / 향료(화이트 플로럴 민트 타입), 사카린Na(향미제) / 폴리인산Na, 소듐라우로일글루타메이트(청소 보조제) / 잔탄검(점도제) / 카라지난, 폴리아크릴산Na(점도 조정제) / 산화Ti, DL-알라닌(안정제) / 불화나트륨(불소), 덱스트라나아제(효소), 소듐라우로일사코시네이트(약용 성분) / 멘톨(청량제) / 히드록시에틸셀룰로오스디메틸디알릴염화암모늄(코팅제)

각각의 특기와 사용상 주의 사항

● 비누

특기	• 세안, 머리 감기, 몸 씻기
주의 사항	• 머리를 감을 때 충분히 씻거나 헹구지 않으면 비누 찌꺼기가 머리카락

에 남아 뻣뻣하거나 끈적일 수 있다. 구연산(또는 식초)으로 중화하면 뻑뻑한 느낌이 완화된다.

- 감은 직후 머리카락은 알칼리성으로 치우쳐 손가락이 잘 들어가지 않거나 뻑뻑할 수 있다. 이럴 때는 무리하게 빗으로 빗으려 하지 말고 손가락 끝이나 타월(또는 드라이어)로 공기가 통하게 해주면 헝클어진 머리가 풀리고 다 마르면 매끄러워진다.

● 알칼리제(탄산염, 세스퀴소다, 베이킹소다)

특기
- 입욕제(알칼리제는 혈행을 촉진)
- 구강 청결제(양칫물)
- 소취제(땀, 신발, 반찬 냄새 등)

주의 사항
- 베이킹소다는 입자가 굵어 피부가 약한 사람은 가루 때문에 상처가 날 수 있으니 주의한다.
- 베이킹소다는 물에 잘 녹지 않으니 미지근한 물에 녹인다.

● 산성제(구연산, 식초)

특기
- 헤어 린스
- 방충제
- 담배 및 암모니아 냄새 제거

주의 사항
- 구연산과 식초는 산성이므로 염소계 표백제와 섞으면 유해 가스가 발생한다.
- 합성 샴푸 및 합성 비누로 머리를 감았을 때는 구연산이나 식초로 헹구지 않는다.

상황별 사용법①
몸 씻기

1 | 세안 & 보디

몸이나 얼굴을 씻을 때는 고형 순비누를 손이나 타월로 거품을 잘 낸 뒤 씻습니다. 가벼운 메이크업이라면 클렌저를 쓸 필요 없이 순비누로 두 번 씻으면 OK. 너무 세게 문지르지 않도록 주의합니다.

2 | 머리 감기

머리를 감을 때는 머리카락을 충분히 적신 다음 고형 순비누로 머리를 가볍게 문질러 바릅니다. 거품이 잘 나지 않을 때는 한번 가볍게 헹궈내고 다시 감습니다. 두피를 손가락 지문 부분으로 문지릅니다. 머리카락 자체는 거품으로 감싸일 정도면 충분합니다. 비누 샴푸를 사용하는 것도 OK입니다.

비누로 만들어 안심인 비눗방울

순비누 가루, 혹은 액체(고형 비누라면 깎아 쓴다)를 100ml의 미지근한 물에 잘 녹이면 비눗방울액이 생깁니다. 비눗방울은 비누액의 농도가 생명이니, 때때로 숨을 불어넣어 비눗방울의 모양을 봐가면서 농도를 조절합니다. 아이도 안심하고 가지고 놀 수 있습니다. 단, 미리 만들어두는 건 불가능합니다.

3 | 린스

비누로 감은 머리는 구연산이나 식초로 헹굴(194페이지) 수 있습니다(안 해도 무방). 머리카락 전체에 골고루 바른 다음 바로 씻어냅니다. 헤어 린스 스프레이(194페이지)를 쓸 경우, 머리를 감은 뒤 모발 전체에 뿌리고 씻어냅니다. 샴푸 옆에 나란히 두면 편리합니다. 머리카락이 뻣뻣해지는 것이 신경 쓰인다면 충분히 헹구고 타월 드라이를 하거나, 올리브유를 머리카락에 바르고 드라이어로 재빨리 말립니다. 합성 샴푸로 머리를 감았을 경우, 구연산 및 식초로 헹구면 안 됩니다.

4 | 치약

비누 치약 혹은 성분이 안전한 천연 치약(195페이지)을 사용합니다.

5 | 구강 청결제(양칫물)

미지근한 물 300~500ml + 식용 베이킹소다 1작은술을 구강 청결제(193페이지)로 사용할 수 있습니다.

상황별 사용법②
벌레 물림·여드름

1 | 벌레 물림

벌레의 독은 대부분 산성이므로 베이킹소다로 중화할 수 있습니다.

베이킹소다 연고 = 베이킹소다 1작은술 + 물 소량 혹은 선 화이트[1] 1/2 작은술.

작은 용기에 담아 잘 섞습니다. 선 화이트가 없을 경우 소량의 물로도 가능합니다. 벌레에 물리면 가능한 한 빨리 베이킹소다 연고를 스며들도록 문질러 바릅니다. 부어올랐다면 차가운 베이킹소다수 습포도 효과가 있습니다. 섞어둔 것을 밀폐용기에 담아 가지고 다니면 벌레에 물리자마자 사용할 수 있습니다. 바로 사용하지 않으면 효과가 반감됩니다.

2 | 여드름

'벌레 물림'에서 소개한 베이킹소다 연고는 여드름에도 효과가 있습니다. 여드름 위에 살짝 올려두면 됩니다. 문지르지 마세요.

우리 집 보습제

우리 집에서는 얼굴이나 몸에 로션이나 화장수를 쓰지 않습니다. 가족 모두가 사용하고 있는 것은 '선 화이트'라 부르는 고순도 백색 바셀린입니다(니코리카의 선 화이트 P-1[2]). 피부가 건조해 거칠어지거나 가려울 때, 어린이 아토피에도 이것을 유용하게 썼습니다. 선 화이트는 약이나 화장품이 아니므로 보습제나 비타민이 전혀 들어 있지 않습니다. 자외선 차단 효과도 없습니다. 단지 피부를 건조하지 않게 보호하고 유해물질 침입을 차단하는 것으로 피부 본연의 힘을 최대한 활용하게 할 뿐입니다.

사용 방법은, 세안 후나 입욕 후 피부에 수분이 남은 상태에서 재빨리 바르는 것입니다. 수분을 가두는 느낌입니다. 점도가 있으므로 소량을 잘 펴 바릅니다. 입술 사용도 괜찮습니다. 오랜 세월 겨울마다 고민이었던 트고 갈라지는 입술을 이것으로 해결했습니다.

---

(1) 고순도 백색 바셀린.

(2) '니코리카'는 화장품 회사 이름이며, '선화이트 P-1'은 화장품 상세 이름입니다.

상황별 사용법③ 소취

1 | 땀, 신발 냄새, 반찬 냄새

작은 스프레이 용기에 알칼리제로 만든 소취제(193페이지)를 담아 휴대하다가 냄새가 신경 쓰이는 곳에 뿌리면 됩니다. 외출한 곳에서 벗어둔 신발에 뿌리면 냄새가 나지 않아 깔끔합니다.

2 | 화장실

화장실 사용 후 변기에 구연산 스프레이나 식초 스프레이를 뿌리면 소취 효과가 있습니다.

3 | 냉장고, 신발장, 카펫, 인형 등의 냄새

162~166페이지를 참조해주십시오.

알칼리와 산으로 시작하는 식물에 안전한 가드닝

나무나 꽃, 채소 등에 붙는 균은 중성부터 약산성일 때 잘 번식하므로, 약알칼리성인 베이킹소다수로 씻어냅니다. 식초 냄새는 개미를 비롯한 많은 벌레가 싫어합니다. 비누와 우유는 독성을 발휘하는 게 아니라 곤충의 기공을 막아 질식시킵니다. 실수로 만지거나 풍향 등의 영향으로 사람 혹은 반려동물에게 묻더라도 안심인 재료로 가드닝을 즐겨봅시다. 인체에 사용하는 벌레 방지제는 93페이지를 참조해주십시오.

벌레 퇴치

● 비누 살충제(60℃의 뜨거운 물 500ml + 순비누 가루 5g)

잘 저어 비누를 녹이고 스프레이 용기에 담아 분무합니다. 순비누를 사용하는 방법입니다.

● 우유 살충제(물 타지 않은 그대로의 우유 적당량을 스프레이 용기에 담는다)

오래된 우유나 마시다 남은 우유를 사용합니다. 사용 후 방치해두면 스프레이 용기가 막히므로 한 번에 다 사용하고 용기를 씻습니다.

● 해충 단독 살충제

① 소독용 알코올 500ml + 가루비누 15g

② 식초 50ml + 물 50ml

스프레이 용기에 담아 해충에 직접 분무합니다. 개미가 침입하는 곳 입구에 뿌려두면 효과가 있습니다. 청소할 때 ②로 바닥을 닦으면 개미가 접근하지 않아 일석이조입니다.

식물이 병에 걸렸을 때

● 곰팡이병에는 베이킹소다수(물 500ml + 베이킹소다 ½작은술)

흰가룻병이나 녹병 등이 발생하면 스프레이 용기에 담아 식물 이파리나 줄기에 용액이 흐를 정도로 듬뿍 분무합니다. 기본은 500~1000배 희석하는 것입니다. 처음에는 엷은 농도로 만들어 상태를 보아가며 뿌립니다. 병이 심하게 든 잎은 떼어냅니다.

▶ 베이킹소다수를 사용할 때는 다른 약제와의 병용을 삼갑니다.

식물에 영양을 줄 때

● 활력 증진제(물 1000ml + 쌀 식초 20~40ml)

쌀식초를 25~50배로 희석해 일주일에 3회 정도 아침에 뿌려주는 것만으로 벌레나 병에 강해집니다. 스프레이는 물론 물뿌리개로 뿌려도 됩니다. 꽃봉오리나 꽃에는 직접 뿌리지 말고, 잎이나 가지, 흙에 듬뿍 뿌립니다. 효과가 즉시 발휘되는 것은 아니므로 수년간 계속할 마음으로 시작하세요.

▶ 철제 용기와 분무기를 사용하면 안 됩니다. 산에 의해 철은 녹슬고 대리석은 녹습니다.

■ 참고 정보 사이트(한국)

- 농림축산식품부 www.mafra.go.kt
- 식품의약품안전처 www.mfds.go.kr
- 환경부 www.me.go.kr
- 화학물질 안전원 www.nics.me.go.kr

■ 참고 문헌 · 추천 도서

- 플라스틱, 화학물질 관련

1. 《이래서 안 돼 염비 제품》, 화학문제시민연구회 저, 2000, NC커뮤니케이션즈
2. 《플라스틱》, 미시마 게이코 저, 일본소비자연맹 감수, 2001, 겐다이쇼칸
3. 《쓰지 마, 위험해!》, 고와카 준이치 저, 식품과 생활의 안전기금, 2005, 고단샤(한국 워너비 출판사에서 같은 제목으로 번역 출간했다.-옮긴이)
4. 《화학물질 오염》, 이즈미 구니히코 저, 1999, 신니혼신쇼

- 새학교증후군, 화학물질과민증 관련

5. 《화학물질과민증으로부터 아이를 지키다》, 호조 사치코 저, 2002, 메바에샤
6. 《누구나 아는 화학물질과민증》, 와타나베 유지 저, 1998, 겐다이쇼칸
7. 《향기, 화학물질로 고통받는 친구》, 오소이 · 하야이 No.79, 2014, 재팬머시니스트사

- 농약 관련

8. 《탈 · 농약노트》, 반농약도쿄그룹, 2008
9. 《모르는 사이, 먹고 있지 않습니까? 네오니코티노이드》, 미즈노 레이코 저, 다이옥신 ·

환경호르몬대책국민회의 감수, 2014, 고분켄
10. 《생활 속의 농약 오염》, 가와무라 히로시 · 쓰지마 지코 저, 2004, 이와나미 부클릿 No.619
11. 《유전자 조작 식품을 피하는 법》, 고와카 준이치 저, 2000, 코먼스

• 백신, 불소 관련
12. 《예방접종 모~두 정리하여 체크!!》, 2009, 재팬머시니스트사
13. 《신 · 예방 접종 맞으러 가기 전에》, 2015, 재팬머시니스트사
14. 《약 체크는 수명 체크》, 특집 불소의 득과 실, 2005, NPO 법인 비저런스센터
15. 《불소에 NO! '충치에 불소'는 유사 과학》, 아키바 가지 저, 2015, 컨슈머넷 · 재팬Books

• 환경문제 전반
16. 《LATE LESSON》, 유럽환경청 편, 마쓰자키 사나에 번역 및 감수, 2005, 나나쓰모리쇼칸
17. 《침묵의 봄》, 레이첼 카슨 저, 1974, 신조문고(한국 워너비 에코리브르에서 같은 제목으로 번역 출간했다.-옮긴이)
18. 《복합오염》, 아리요시 사와코 저, 1979, 신조문고
19. 《미나마타에서 후시시마에 – 공해 경험을 공유하다》, 야마다 마코토 저, 2014, 이와나미쇼텐
20. 《태아의 메시지》, 하라다 마사즈미 저, 2004, 짓쿄출판
21. 《미국의 독을 먹는 사람들》, 로레타 슈워츠 노벨 저, 2008, 도요게자이신보사
22. 《발달장애의 원인과 발병 메커니즘》, 구로다 요이치로 등 저, 2014, 가와데쇼보신사
23. 《침략당한 일본인의 뇌》, 시라키 히로쓰구 저, 1998, 후지와라쇼텐

24. 《합성세제 없는 생활 가이드》, 일본소비자연맹 편, 2000, 후바이샤

25. 《초보부터 배우는 유해 화학물질》, 겐모쿠 요시히로 저, 2003, 고교초사카이

26. 《내분비 교란 화학물질과 식품 용기》, 다쓰노 다카시 · 나카자와 히로유키 편, 1999, 사이와이쇼보

27. 《세계 브랜드 기업 흑서》, 클라우스 베르너 저, 시모카와 신이치 역, 2005, 아카시쇼텐 (한국 숨쉬는책공장 출판사에서 '세계를 집어삼키는 검은 기업'이라는 제목으로 번역 출간했다. – 옮긴이)

28. 《생활 속의 보이콧》, 도야마 요코 저, 2016, 겐다이쇼칸

29. 《지구를 위협하는 화학물질》, 기무라 – 구로다 준코 저, 2018, 가이메이샤

• 한국 사례 관련

30. 《2015~2018년 신축 3년 이내 학교 공기질 측정결과》, 서울시 교육청

우리 아들은 고개를 들어보면 온통 밭이 펼쳐진 시골 마을에서 태어났습니다. 친구가 없는 작은 마을로 이사 온 제게 유일한 즐거움은, 마을이 주최하는 '검진'이었습니다. 예방접종도 받았고, 처음 난 깜찍한 이에 불소를 도포하러 가기도 했습니다. 연배가 같은 엄마와 아이들을 만난다는 기쁨에 그 무엇도 의심하지 않고 나갔습니다.

그러다 이상하다고 느낀 계기는 서점에서 손에 든 〈작다 · 크다 · 약하다 · 강하다〉(재팬머시니스트사)라는 잡지였습니다. 거기에 '불소는 필요할까?'라는 의문을 던지며 불소의 독성에 대해 넌지시 지적한 내용이 담겨 있었습니다. 놀란 건 두말할 필요도 없지요. 검진 엽서를 손에 쥐고 차로 30분 거리의 보건소에 아이를 안은 채 달려갔습니다. 그리고 "이런 엽서가 보건소에서 날아오면 아무것도 모르는 엄마들은 다들 불소를 도포합니다. 그러니 엽서를 보내지 마세요"라고 호소했습니다.

그로부터 25년. 화학물질은 대체 누구를 위해 만드는 것일까요. 각양각색의 화학물질이 가정 깊숙이 파고들었다는 위험을 피부로 느끼고, 당시의 저처럼 화를 내주었으면 하는 마음에 이 책을 썼습니다. '화'라는 건 결코 부정적 감정이 아닙니다. 살아갈 에너지가 되기 때문입니다. 많은 사람에게 '카나리아'의 울음소리가 들리기를….

2018년 11월 살을 에는 듯한 홋카이도의 아침에

똑똑한 엄마가 내 아이를 지키는 생활 방법

초판 발행 · 2020년 12월 11일

지은이 · 진 사토코
옮긴이 · 허슬기
발행인 · 이종원
발행처 · (주) 도서출판 길벗
출판사 등록일 · 1990년 12월 24일
주소 · 서울시 마포구 월드컵로 10길 56 (서교동)
대표전화 · 02) 332-0931 | **팩스** · 02)323-0586
홈페이지 · www.gilbut.co.kr | **이메일** · gilbut@gilbut.co.kr

편집팀장 · 민보람 | **기획 및 책임편집** · 서랑례(rangrye@gilbut.co.kr)
디자인 · 신세진 | **제작** · 이준호, 손일순, 이진혁
영업마케팅 · 한준희 | **웹마케팅** · 이정, 김진영 | **영업관리** · 김명자 | **독자지원** · 송혜란, 윤정아

교정 · 이정현 | **CTP 출력 · 인쇄** · 두경M&P | **제본** · 경문제책

ISBN 979-11-6521-377-0(13590)
(길벗 도서번호 020153)

정가 13,500원

독자의 1초까지 아껴주는 정성 길벗출판사
(주)도서출판 길벗 | IT실용, IT/일반 수험서, 경제경영, 취미실용, 인문교양(더퀘스트) www.gilbut.co.kr
길벗이지톡 | 어학단행본, 어학수험서 www.eztok.co.kr
길벗스쿨 | 국어학습, 수학학습, 어린이교양, 주니어 어학학습, 교과서 www.gilbutschool.co.kr
페이스북 · www.facebook.com/gilbutzigy | **트위터** · www.twitter.com/gilbutzigy